Sitzungsberichte

der

mathematisch-naturwissenschaftlichen Abteilung

der

Bayerischen Akademie der Wissenschaften

zu München

Jahrgang 1928

München 1928
Verlag der Bayerischen Akademie der Wissenschaften
in Kommission des Verlags R. Oldenbourg München

Akademische Buchdruckerei F. Straub in München.

Inhaltsübersicht.

Sitzungsberichte

der mathematisch-naturwissenschaftlichen Abteilung

der Bayerischen Akademie der Wissenschaften

1928

Sitzung am 14. Januar

1. Herr F. Broili legt als Neuerwerbung der Staatssammlung für Paläontologie und historische Geologie

Zwei Exemplare der Crustaceen-Gattung Nahecaris aus dem Unterdevon des Bundenbacher Dachschiefer

vor. Bei einem derselben ist zum ersten Male der Körper vollständig erhalten, bei beiden finden sich außerdem — was ungemein selten ist bei paläozoischen Krebsen — gute Reste der Extremitäten, so daß es möglich ist, von dieser Form, als dem Vertreter einer neuen Gruppe innerhalb der Malacostracen-Krebse, eine Rekonstruktion zu geben. (Erscheint in den Sitzungsberichten.)

2. Herr A. Wilkens legt für die Sitzungsberichte eine Arbeit vor:

Auf Anregung und mit Unterstützung der Bayer. Akademie der Wissenschaften werden an der Erdphysikalischen Warte bei der Sternwarte seit 1905 luftelektrische Beobachtungen angestellt. Neben anderen, gelegentlichen Untersuchungen, über die bereits früher wiederholt berichtet wurde, wird als wichtigstes luftelektrisches Element das Potentialgefälle fortlaufend registriert. Die Ergebnisse der ersten, 5jährigen Registrierperiode konnten in den Sitzungs-Berichten der bayerischen Akademie der Wissenschaften veröffentlicht werden.

Als Fortsetzung dieses Berichtes umfaßt die vorliegende
Arbeit die Messungen der folgenden 15 Jahre, 1910—25, sowie
eine Gesamtbearbeitung der ganzen, nunmehr 20jährigen Beobachtungsreihe. Es ergibt sich daraus ein klares und von zu-
fälligen Störungen freies Bild des zeitlichen Verlaufes dieser
wichtigen luftelektrischen Größe und ihrer absoluten Beträge.
Zusammen mit anderweitigen Beobachtungen, wie sie in solchem
Umfange freilich nur von ganz wenigen Orten der Erde vorliegen,
kann diese Messungsreihe mit als Unterlage einer noch immer
ausstehenden einwandfreien Theorie der atmosphärischen Elek-
trizität dienen.   (Erscheint in den Sitzungsberichten.)

3. Herr F. Lindemann spricht
„Zum Problem der n Körper".

Es handelt sich um die Wiederherstellung der von Dirichlet
kurz vor seinem Tode Freunden gemachten Mitteilungen über
die Lösung dieses Problems und die daraus folgende Stabilität
des Weltsystems, Untersuchungen, über die im Nachlasse Dirichlet's
nichts gefunden wurde.   (Erscheint in den Sitzungsberichten.)

Sitzung am 4. Februar

1. Herr Erich Kaiser legt für die Sitzungsberichte eine Ar-
beit vor:
Über edaphisch bedingte geologische
Vorgänge und Erscheinungen.

Einige Beobachtungen auf der neuen Südafrikareise 1927
werden mit den während des Kriegsaufenthaltes in Südwestafrika
(1914—1919) gewonnenen Ergebnissen zusammengefaßt. Es zeigt
sich, daß in dem Trockengebiete Südafrika sowohl die Verwitterungserscheinungen, die chemischen Umsetzungen an und unter
der Oberfläche, die Bodenbildung, auch die Oberflächenformen,
die Abtragung, wie endlich auch die terrestre Sedimentation viel
mehr von dem Untergrundgestein abhängig sind, als wir dies aus
den feuchten Gebieten der Erde kennen, wo klimatisch bedingte

Erscheinungen und Vorgänge vorherrschen. Aber diese Beeinflussung durch das Untergrundgestein ist nicht überall in dem ariden Gebiete gleich stark. Man kann diese Unterschiede in Beziehung bringen zu einer Aufschüttungskurve, welche Vortragender veröffentlichte. Diese gibt bis zu einem gewissen Grade auch ein Abbild der vom Untergrunde abhängigen Erscheinungen. Diese edaphisch bedingten oder beeinflußten Erscheinungen sind für die Petrogenesis fossiler Sedimente von großer Bedeutung, weshalb wir sie von den dem Klima eines bestimmten Gebietes fremden Erscheinungen und Vorgängen schärfer abtrennen müssen, als dies bisher geschehen ist. Zahlreiche Beispiele werden für diese edaphisch bedingten Erscheinungen und Vorgänge angeführt.

Derselbe legte sodann eine aus den neuen großen Diamantlagerstätten an der Küste des kleinen Namaqualandes südlich von der Oranjemündung herrührende Diamantkugel vor. Die ursprüngliche Kristallform ist noch gerade erkennbar. Die Abrollung ist in der Meeresbrandung erfolgt durch das Schleifen an einem weicheren Material. Es handelt sich um ein ganz einzigartiges Stück, das von Sir Ernest Oppenheimer dem Vortragenden geschenkt wurde, welcher es der Staatssammlung für allgemeine und angewandte Geologie überwies.

2. Herr S. Mollier spricht über

die Öffnungsbewegung des Unterkiefers,

welche durch die submandibularen Halsmuskeln allein nicht ausgeführt werden kann, sondern der Mithilfe der Nackenmuskeln bedarf. Die Öffnungsbewegung kann dann sowohl vom Unterkiefer gegen den unbewegten Schädel, oder aber durch eine Bewegung des Schädels im Unterkiefergelenk erfolgen. Dabei ist die Wirbelsäule von oben her mitbeteiligt.

4*

1. Herr J. ZENNECK berichtet über

raumakustische Untersuchungen,

die am physik. Institut der techn. Hochschule durch die Herren Dipl.-Ing. SCHINDELIN und SCHARSTEIN ausgeführt wurden. Als Beispiele werden der Senderaum des Münchener Rundfunksenders (besonders gute Akustik) und eine Eingangshalle in der techn. Hochschule (besonders schlechte Akustik) besprochen.

2. Herr H. FISCHER berichtet über eine mit FRITZ SCHWERDTEL durchgeführte Arbeit. Es ist den Autoren gelungen, aus Hefe Hämin zu isolieren, das sich auf Grund der Elementaranalyse und sonstigen Eigenschaften mit tierischem Hämin als identisch erwies. Die Pflanze ist also zur Synthese tierischen Hämins befähigt.

Beobachtungen an Nahecaris.

Von **F. Broili.**

Mit 1 Tafel und 2 Textfiguren.

Vorgetragen in der Sitzung vom 14. Januar 1928.

Im Laufe der letzten Jahre erhielt die Staatssammlung für Paläontologie und historische Geologie zwei Exemplare der Gattung Nahecaris aus dem rheinischen Unterdevon. Das eine derselben ist eine hochherzige Stiftung des Herrn Kommerzienrat Dr. O. Mey in Bäumenheim, welcher dasselbe mit anderem Material im Herbste 1925 für die Sammlung von Herrn Dr. Stürtz erwarb. Auch an dieser Stelle möchte ich dafür Herrn Kommerzienrat Dr. Mey nochmals den herzlichsten Dank zum Ausdruck bringen. Das 2. Stück kaufte die Sammlung von Herrn Ingenieur Maucher hier. Beide Exemplare waren schon in präpariertem Zustande. Das erstere Individuum hat als Fundortsbezeichnung: Gemünden, das zweite stammt von Bundenbach.

Das Exemplar von Gemünden hat die gewöhnliche Erhaltung der bisher abgebildeten Stücke von Nahecaris, es liegt auf der Ventralseite und wendet dem Beschauer die Dorsalseite zu, der hintere Abschnitt des Abdomens fehlt. Die Gesamtlänge des Restes ohne die Extremitäten beträgt 9,7 cm, wobei 7,2 cm auf den Carapax mit dem Rostrum und 2 cm auf den damit in Verbindung stehenden proximalen Abschnitt des Abdomens treffen, die größte Breite des Carapax mißt 4,2 cm.

Der Carapax ähnelt in seinem Aussehen ungemein dem jenes Individuums, das die Wissenschaft ebenfalls Herrn Dr. Stürtz zu verdanken hat, auf dem Jaekel[1]) die Gattung begründete und an

---

[1]) Jaekel O. Über einen neuen Phyllocariden aus dem Unterdevon der Bundenbacher Dachschiefer. Zeitschr. d. geol. Gesellsch. 72. 1920 (Monatsberichte) S. 290.

welchem Hennig[2]) in erster Linie seine Beobachtungen anstellte. Die Erhaltung des Carapax dieses bei Hennig auf T. 32 Fig. 1 abgebildeten Stückes ist nach der Figur und Beschreibung beider Autoren anscheinend besser wie an unserem Exemplar.

Der mediane Längskiel desselben ist nur in seinem mittleren Abschnitt deutlich und scharf abgesetzt zu sehen, an seiner Stelle klafft rückwärts ein schmaler, nach hinten sich allmählich verbreiternder Spalt im Carapax, der wahrscheinlich entlang des Kieles beim Versteinerungsprozeß auseinanderbarst. Sein vorderer Abschnitt, welcher namentlich an dem Frankfurter und Hanauer Exemplar Hennigs ziemlich gut erkennbar sich zeigt, ist undeutlich. Dagegen ist der in der Festsetzung des Mediankieles vom Vorderrand des Carapax ausgehende stachelartige Dorn, den ich mit Jaekel als Rostralfortsatz betrachte, gut erhalten. Das Gleiche gilt auch für die beiden lateralen Längskiele, die scharf herausgehoben sind, gegen den Panzer-Vorderrand aber allmählich auslaufen. Statt ihrer finden sich hier mehr gegen die Mittellinie gerückt zwei schwächere Seitenleisten, was Hennig auch an zwei Stücken beobachten kann. Die linke derselben ist an ihrem Hinterende bei unserem Individuum auffallend verdickt. Außerdem hebt sich auch die den Panzer seitlich begrenzende Randleiste wulstartig heraus. Die Skulptur zeigt sich nur an wenigen Stellen, so z. B. in der vorderen Partie des äußeren Longitudinalfeldes der linken Körperhälfte in Gestalt von haarfeinen, gegenseitig miteinander verschmelzenden und das Bild eines feinmaschigen Gewebes hervorrufenden Leistchen.

Auch Hennig wäre geneigt, den an dem Carapax-Vorderrand des Genotyps Jaekels entwickelten Dorn als Rostrum zu betrachten (l. c. S. 136), wenn er nicht an einem isolierten Panzerstück der Frankfurter Sammlung (T. 33, Fig. 1) ein schmales Element — welches über den Vorderrand des Panzers hervorspringt und innerhalb desselben eine kurze Strecke weit einen (mit Gestein erfüllten) Raum zwischen sich und dessen begleitenden Rändern frei läßt, in seinem rückwärtigen Teil eine starre Verwachsung mit dem Carapax aber anscheinend erkennen läßt — als Rostrum deutete (S. 133).

Ohne auf die Frage einzugehen, ob hier wirklich ein besonderes

---

[2]) Hennig E. Arthropodenfunde aus den Bundenbacher Schiefern (Unter-Devon). Paläontographica 64. 1921/22. S. 131 etc.

Rostralelement vorliegt, halte ich es für sehr wahrscheinlich, daß beide Fortsätze ein und dasselbe Panzerstück, nämlich das Rostrum darstellen. Bei dem Genotyp Jaekels und Hennigs ist dasselbe ebenso wie bei dem hier vorliegenden Exemplar anscheinend in die Tiefe gedrückt, bei dem Frankfurter isolierten Carapax hingegen ist es vermutlich etwas aufgepreßt. Ein Unterschied besteht allerdings in der Form und Größe dieser Fortsätze bei beiden Individuen. An dem Frankfurter Panzer schaut er nur wenig über ihn heraus und sein Vorderrand ist gerundet, bei dem anderen Typus handelt es sich um einen relativ weit hervortretenden und spitz endenden Dorn. Angesichts der immerhin nur unvollständigen Erhaltung möchte ich die Vermutung, daß diese Merkmale möglicherweise spezifische Unterschiede sind, nur kurz zum Ausdruck bringen.

Jederseits des Rostrums liegt an unserem Stück die Antennula, welche gegenüber den seitherigen Funden durch eine bessere Erhaltung sich auszeichnet. Sie zeigt nämlich deutlich, daß sie 2 Geißeln trägt, während bisher nur eine Reihe von Gliedern beobachtet wurde.

Die Antennula entspringt in der mittleren Partie des Carapax-Vorderrandes und weist linksseitig in ihrem proximalen Abschnitt, ihrem Schaft, eine wenig günstige Erhaltung auf; sehr bald hebt sich an ihm gut erkennbar eine kürzere — Nebengeißel — über einer lateroventral von ihr ansitzenden etwas längeren Hauptgeißel heraus. Die rechte Antennula tritt unter dem Rostrum hervor, der kürzere dorsale Ast ist direkt über dem ventralen Ast gelagert, so daß bei oberflächlicher Betrachtung der Eindruck einer eingliedrigen und nicht einer zweigliedrigen Antennula erweckt wird. Auf der besser erhaltenen linken Körperseite erreicht die kleinere Geißel ungefähr die Länge von 1 cm, die größere eine solche von 1,7 cm. Die Geißeln selbst sind relativ stämmig und ihre einzelnen Glieder gedrungen. Die Grenzen der letzteren sind teilweise unscharf, so daß sich die Zahl derselben an der dorsalen kleineren Nebengeißel nur schätzungsweise auf ca. 15 angeben läßt, an der Hauptgeißel treten die Segmentgrenzen nur vereinzelt schärfer hervor, sodaß ihre Zahl nicht anzugeben ist.

Im übrigen zeigt auch das Belegstück B der Sammlung Korff-Hanau (Hennig l. c. T. 34. Fig. 1) deutlich jederseits die 2 Geißeln

der Antennula, an dem Genotyp der Sammlung Stürtz (T. 32
Fig. 1) ist freilich auf der Abbildung nur eine Geißel zu sehen.

Hinter der Basis der Antennula folgen jederseits die Reste
der Antenne, die sich links besser, rechts weniger gut erhielt.
Dieselbe hat bei unserer Gattung den Typus des Spaltbeines
bewahrt, da sie links deutlich 2 Äste erkennen läßt. Ihr auf
den Protopoditen entfallender proximaler Abschnitt dürfte an
diesem Individuum beiderseits noch vom Carapax überdeckt sein.
Links an dem größeren vorderen, ca. 3 cm langen Ast, den ich
als den Endopoditen der Antenne betrachte, sind zwei Abschnitte gut auseinanderzuhalten: 1. die mit ihrer Spitze nach
vorne gewendete Geißel und 2. ihr unter dem Carapax hervor-
tretender Schaftteil. Der letztere ist ungemein stämmig und erweckt
besonders an dem Endopoditen der rechten Seite den Eindruck,
als wenn er nur von zwei Gliedern zusammengesetzt wäre, nämlich
einem kleinen direkt unter dem Carapax hervortretenden Stück
von dreiseitigem Umriß, welches durch einen Quersutur gegen
das zweite große Segment abgegrenzt ist, das lediglich einige
Längsrunzeln zeigt, sonst aber keine Quernaht mehr zu erkennen gibt.
Auf diesem Schaft, welcher rechts eine Länge von ca. 1,7 cm
erreicht, folgt der distale Abschnitt des Endopoditen, die Geißel,
von welcher auf der rechten Seite nur 4 Glieder erhalten sind.

Links hat der Schaft des Endopoditen durch die Präparation
gelitten, dagegen ist die Geißel ein ganz ausgezeichnetes Präparat,
an dem man ungefähr 26 Segmente feststellen kann. Dieselben
sind alle relativ nieder und breit, so daß die Geißel ein recht
stämmiges, kräftiges Aussehen gewinnt. Die feinen Tasthärchen
(? Ästhetasken), welche Hennig (l. c. S. 135 T. 33 Fig. 1) von einem
der Korffschen Stücke beschreibt und welche auch auf der Abbildung zu sehen sind, kann ich weder hier noch bei dem andern
Münchener Exemplar sehen; sie sind offenbar der Präparation
zum Opfer gefallen.

Der kürzere 2,1 cm lange Exopodit fügt sich eng an den
Endopoditen an; während rechts nur sein proximaler Abschnitt
sich zeigt, ist er links in der Hauptsache für seine ganze Erstreckung erhalten geblieben, und zwar auch als eine durch
deutliche Segmentierung charakterisierte Geißel. Die
Segmentierung läßt sich beinahe bis zu seiner Ausgangsstelle am

Endopoditen verfolgen, im proximalen Abschnitt ist eine solche nicht mit Sicherheit mehr erkennbar, was möglicherweise auf die Präparation zurückzuführen ist; jedenfalls ist ein Schaftstück wie am Endopoditen, an dem sich die Geißel deutlich absetzt, hier nicht mehr nachweisbar, und der ganze Exopodit macht, so wie er sich erhalten hat, einen einheitlichen Eindruck. Es lassen sich ca. 36—40 Segmente an dieser Geißel zählen, auch sie sind kurze gedrungene Segmente, aber doch etwas schmäler als jene des Endopoditen, und deshalb sowie durch das Fehlen eines Schaftes macht der Exopodit einen bedeutend schlankeren Eindruck als der Endopodit.

Dem Innenrand dieser Geißel entlang zieht eine Reihe unregelmäßig begrenzter kleiner Grübchen, die möglicherweise primär auf die Insertionsstellen von Borsten zurückzuführen sind, in ihrer jetzigen Erhaltung aber bezüglich ihrer Deutung Vorsicht gebieten.

An dem Stürtz'schen Genotyp (T. 32, Fig. 1 bei Hennig) scheint die Erhaltung des proximalen Abschnittes der Antenne etwas vollständiger zu sein, wie an unserem Exemplar. Hennig erwähnt an der Basis der Antenne, „ein rundliches Scheibchen mit wulstig verdicktem Außenrand" das nach ihm sich in zwei Fällen erhielt und welches er als Schuppe (Exopodit) betrachtet. Nachdem aber, wie oben dargelegt wurde, der Exopodit der Antenne als Geißel entwickelt ist, kann dieses rundliche Stückchen nicht die Schuppe sein. Vielleicht handelt es sich, soweit eine Vermutung auf Grund der Abbildung ausgesprochen werden darf, um die Basis des Protopoditen der Antenne?

Sonstige Körperanhänge sind an diesem Stück nicht mehr mit Sicherheit festzustellen.

Das zweite Individuum trägt als Fundortsbezeichnung: Bundenbach. Dasselbe ist das erste mir bekannte Exemplar in Seitenlage, das außerdem noch deshalb besonders wertvoll ist, weil die hinter dem Carapax liegenden letzten Abdominalglieder vollständig erhalten sind. Das Stück zeigt seine linke Körperhälfte dem Beschauer.

Von dem Vorderrand des Kopfrückenschildes bis zum Ende des Mitteldorns des letzten Segmentes mißt das Exemplar ca. 12 cm, von diesen 12 cm entfallen 6,5 cm auf den Carapax. Es handelt sich also um ein etwas kleineres Tier als das vorhergehend beschriebene.

Der Oberrand des Carapax ist durch den Verlauf des bei dem oben besprochenen Exemplar erwähnten medianen Längskieles bestimmt, dem entlang die linke Panzerhälfte auf die Seite gelegt ist. Das Schild ist infolgedessen stark zerbrochen, immerhin läßt sich der Lateralkiel mehr oder weniger deutlich, wenn auch von Sprüngen durchsetzt, verfolgen. Aus dieser Bewegungsmöglichkeit kann man auch den Schluß ziehen, daß der Panzer unserer Form, der wie bei den übrigen Fossilen von Bundenbach in Schwefelkies umgewandelt ist, anscheinend nur schwach verkalkt war. Die kräftige Randleiste hat sich gut erhalten.

Ein Rostralfortsatz ist nicht mit Sicherheit nachweisbar. Vielleicht ist eine Bruchfläche vorne an der Spitze des Carapaxoberrandes auf ihn zurückzuführen. Von der Skulptur ist wenig mehr zu sehen; lediglich in der vorderen Hälfte des Unterrandes lassen sich einige feine, longitudinal verlaufende Leistchen auf eine größere Strecke hin verfolgen.

Die Zahl der nicht mehr vom Carapax bedeckten letzten Glieder des Abdomens mit Einschluß des Abdomenendgliedes beträgt anscheinend 4 — in Wirklichkeit aber handelt es sich um 5 —, denn bei dem ersten, aus dem Carapax hervortretenden „Segment" unseres Individuums handelt es sich in Wirklichkeit um deren zwei, nämlich um den distalen Abschnitt eines noch teilweise vom Panzer bedeckten Gliedes, und ein weiteres, das zwischen dieses und das anscheinend zweite (in Wirklichkeit aber das dritte) eingeschaltet liegt, dessen Grenzen aber vollständig durch die Präparation weggescheuert wurden bis auf einen kleinen Einschnitt am Oberrand. Daß dies so ist, wird durch die Beobachtungen Hennigs (l. c. S. 137) an den schönen Korff'schen Funden bestätigt, der 4 Segmente außerhalb der Platte zählen kann. Diese 4 Segmente sind auf Tafel 34, Fig. 1 bei Hennig gut zu sehen, nämlich ein teilweise noch vom Panzer bedecktes, dann 2 weitere, die eine durchschnittliche Länge von 0,9 bis 1 cm erreichen und dann ein 4., das bis zum Plattenbruchrand reicht, das aber keine Segmentgrenze mehr zu erkennen gibt. Dieses 4. Segment ist an unserem Stück vollständig und ausgezeichnet gut erhalten und fällt durch seine Länge gegenüber dem vorhergehenden besonders auf. Während die vorhergehenden Segmente mit dem Carapax noch einen stumpfen Winkel bilden, ist dies mit dem Endglied soweit gegen das Rückenschild eingeschlagen, daß nahezu ein rechter Winkel erreicht wird. Durch diese Beugung der letzten Segmente bekommen die Grenzen derselben eine Lage, die mehr oder weniger den Carapaxrändern parallel verläuft.

Dieses vorletzte, auffallend lange Abdominalsegment scheint auf einer anderen Platte der Sammlung Korff (Fig. 1 a T. 34 bei Hennig) auch vollständig erhalten zu sein; ich glaube die Segmentgrenzen deutlich wahrzunehmen und messe an der Figur eine Länge von fast 2 cm, dem 1,8 cm bei unserem Stück gegenüberstehen, an dem die Höhe 0,9 cm beträgt. Bei dem letzteren ist auch die Skulptur weitaus am besten für unsere Form konserviert und zwar in der gleichen Deutlichkeit, wie sie Hennig (l. c. S. 133, T. 33, Fig. 2a und 2b) beschreibt und abbildet. Sie besteht nämlich aus mehr oder weniger longitudinalen, stärkeren Leistchen, zwischen welche ein System haarfeiner Streifen, welche mit den Leistchen einen spitzen Winkel bilden, eingeschaltet ist.

Das Endsegment ist relativ sehr kurz, hat eine spitz schuppenförmige Gestalt und erreicht mit seinem nach hinten gerichteten Medianstachel, soweit derselbe erhalten ist, eine Länge von 1,5 cm. Von dem Mediandorn ist die Spitze nicht mehr erhalten, der fehlende Teil dürfte aber nach der Bruchfläche zu schließen sehr unbedeutend gewesen sein und höchstens einige Millimeter betragen haben. Dagegen ist der paarige Anhang, die Furca, welche am Endsegment entwickelt und hier in der Form von Stacheln ausgebildet ist, bedeutend länger. Diese Furca sitzt seitlich dem Endsegment an und ist deutlich von demselben abgesetzt, artikuliert also mit ihm. Eine Segmentierung der Furca ist nicht festzustellen. Von dem linksseitigen Stachel ist der proximale Abschnitt, über den ein Quersprung setzt, erhalten, derselbe zeigt zarte Skulptur, welche die gleiche ist wie auf den übrigen Teilen des Panzers, nämlich feine Längsleisten. Der Stachel der rechten Körperseite hat sich im Abdruck wohl vollständig erhalten; derselbe erreicht eine Länge von 3,6 cm.

Auch von diesem Individuum haben sich Reste der Extremitäten erhalten.

An dem vorderen Unterrand des Carapax zeigen sich aus demselben hervortretend einzelne Vorragungen, welche aller Wahrscheinlichkeit nach auf Extremitäten zurückzuführen sind, die aber infolge ihrer ungenügenden Erhaltung eine Deutung kaum erlauben. Vielleicht handelt es sich bei ihnen um proximale Teile vorderer Gliedmaßen, deren distale Partien durch die Präparation verloren gegangen sind; so lassen sich möglicherweise zwei Vorsprünge auf Haupt- und Nebengeißel der rechten Antennula zurückführen.

Gut ist die linke Antennula erkennbar, als schlanker, spitz auslaufender Anhang, der in fast gerader Richtung nach abwärts gerichtet ist. Unter der Binocularlupe läßt sich die kleinere Nebengeißel in engster, teilweise übergreifender Anlagerung an die größere Hauptgeißel eine Strecke weit verfolgen. Die Segmentierung hat unter der Präparation mit der Messingbürste stark gelitten und ist nur undeutlich zu sehen.

Auf die Antennula folgt die unter einem hackenförmigen Fortsatz — der möglicherweise auf ein Mandibel- oder Maxillarglied oder ein Glied des ?Antennenprotopoditen sich zurückführen läßt — hervortretende Antenne. Dieselbe ist nicht besonders gut erhalten; in ihrem proximalen Abschnitt glaubt man einige Segmentgrenzen zu sehen, welche, falls diese Beobachtung nicht täuscht, vielleicht auch als Glieder des Protopoditen, Coxa und Basis zu deuten sind. Der Schaft des Endopoditen ist namentlich in seiner mittleren Partie sehr mangelhaft konserviert; eine schräg verlaufende Grenzlinie scheint zum distalen Teil des Endopoditen, zu der Geißel überzuführen, an welcher man bei günstiger Beleuchtung einzelne Segmentgrenzen unterscheiden kann.

Vom Exopoditen findet sich nur ein kleiner Rest, welcher bei seinem Beginn in enger Berührung mit dem Proximalteil der Antenne steht und dann in etwas divergierender Richtung von ihr sich loslöst; in diesem als Geißel ausgebildeten Teil der Exopoditen ist die Segmentierung gut erkennbar.

Hinter der Antenne treten unter dem Carapax die Reste von 8 Rumpfgliedmaßen (Thoracopoden) nacheinander hervor. Innerhalb derselben kann man hinsichtlich der Größe zwei Gruppen auseinander halten: Vier Stück größere vorne, denen sich nach hinten vier kleinere anschließen.

Obwohl auch die vier vorderen nach rückwärts eine stetige Größen-
abnahme erkennen lassen, so ist der Größenunterschied zwischen
dem 4. und 5. Fuß viel bedeutender, wie zwischen dem 3. und 4.

Leider werden von diesen Thoracopoden noch ansehnliche Teile vom Carapax bedeckt; nur mehr oder weniger
ihre distalen Abschnitte ragen aus demselben hervor, so daß
es unmöglich ist, sich ein vollständiges Bild ihrer Bauart zu
machen.

Die erste dieser Rumpfgliedmassen ist bei ihrem Aus-
tritt aus dem Panzer gegen diesen staffelförmig abgesetzt, und
ich halte es für sehr wahrscheinlich, daß dieser Absatz auf eine
Segmentgrenze zurückzuführen ist; sie legt sich hier noch dicht
an die Antenne an, und ihr Vorderrand ist säbelförmig nach rückwärts gekrümmt, durch welches Merkmal sie sich von den folgenden
Thoracopoden unterscheidet.

Nach der Erhaltung glaubt man an diesem ersten Thoracopoden zwei Äste unterscheiden zu können: Einen
größeren vorderen mit der erwähnten Krümmung, derselbe
ist nicht fortlaufend erhalten sondern einmal unterbrochen; jenseits
dieser von Gestein erfüllten Lücke ist der Endabschnitt dieses Astes
gegenüber seinem proximalen Teil auffallend schlank und gestreckt
geworden. Sein distales Ende scheint einen Besatz feinster Borsten
zu tragen. Der rückwärts liegende Ast, welchen ich, da er
kleiner ist, als den Exopoditen betrachte, steht nicht in direktem
Zusammenhang mit dem proximalen Teil dieses Thoracopoden,
sondern ist von demselben durch einen größeren von Gestein erfüllten Zwischenraum getrennt; der Exopodit erreicht, soweit er
erhalten ist, wie gesagt, nicht die Größe des Endopoditen, und er scheint
auch an seinem unteren Ende dicht mit Borsten besetzt zu sein.

Außer der oben genannten wahrscheinlichen Segmentgrenze
sind solche an der ersten Rumpfgliedmasse nicht mit Sicherheit
mehr erkennbar; vielleicht sind zwei furchenartige Einschnitte
oberhalb der erwähnten Unterbrechung am Endopoditen auf Segmentgrenzen zurückzuführen, das gleiche gilt für einzelne unscharfe
Furchen am tiefer liegenden Exopoditen.

Die drei folgenden Thoracopoden (der zweite bis
vierte) unterscheiden sich von dem ersten einmal dadurch, daß
ihnen die für diesen so bezeichnende Krümmung fehlt und daß

sie dadurch den Eindruck der Starrheit erwecken, und zweitens,
daß an ihnen ein zweiter Ast nicht beobachtet werden
kann. Sie sind schwertförmig und unter sich gleichartig
und — am 2. und 3. Thoracopoden ist das gut zu sehen —
ähnlich wie der 1. Thoracopod staffelförmig gegen ihr erstes aus
dem Panzer hervortretendes Glied abgesetzt, was wohl als eine
Segmentgrenze zu deuten ist. Ihr Vorderrand erscheint gegenüber
dem Hinterrand etwas verdickt; dem ersteren zieht eine Reihe
stärkerer, dem letzteren eine Reihe schwächerer Grübchen entlang,
welche zur Aufnahme von Borsten dienten, die aber alle aus-
gefallen sind. Dagegen hat sich ein sehr dichter und feiner
Borstenbesatz am distalen Ende eines jeden dieser drei Thoracopoden erhalten. Sichere Spuren einer Segmentierung sind abgesehen von dem oben erwähnten staffelförmigen Absatz nicht fest-
stellbar; am 3. und 4. Rumpffuß zeigen sich zwar verschiedentlich
Quersprünge, die möglicherweise mit Segmentgrenzen zusammenfallen könnten; da aber am 2. Thoracopoden keine solchen wahr-
nehmbar sind, glaube ich, daß, bei der gleichartigen Gestalt der
Füße, diese Sprünge lediglich sekundärer Entstehung sind. Dagegen
ist am 3. und 4. Fuß das borstenbesetzte Ende durch eine Furche
etwas abgesetzt, auch am 2. macht sich eine Einschnürung be-
merkbar, so daß hier sehr wahrscheinlich eine ursprüngliche
Segmentgrenze angenommen werden kann.

Diese vier vorderen Thoracopoden nehmen, wie gesagt, an
Größe stetig ab. Der erste hat eine Länge von 2,4 cm, der vierte
eine solche von 1,9 cm.

Die hinteren vier (der 5. mit 8.) Thoracopoden treten
nur als kleine Anhänge aus dem Panzer heraus; der erste ist noch
0,5 cm, der dritte nur 0,2 cm lang. (Der 4. [8.] ist sehr schlecht
erhalten.) Am 5. ist das distale Ende in einem stumpfen Winkel
nach hinten abgebogen, und es lassen sich an demselben neben
Grübchen für größere Borsten Spuren eines feinen Borstensaumes
beobachten. Der letztere ist auch am 6. und 7. Fuß unter der
Binocularlupe nachweisbar.

In dem Winkel, welcher vom Hinterende des Carapax und
dem ersten aus demselben heraus tretenden Abdominalsegment gebildet wird, liegen die Pleopoden. Die vier vorderen sind
ansehnliche Anhänge. Hinter dem 4. werden in dislozierter

Stellung die Reste von zwei weiteren Pleopoden sichtbar. Ob es sich bei diesen um das 5. dislozierte Pleopodenpaar, oder aber um den 5. und 6. Pleopoden der linken Körperseite handelt, läßt sich bei der unklaren Erhaltung nicht mit Sicherheit entscheiden, ich möchte aber glauben, daß es sich um das 5. Pleopodenpaar handelt, welches zu dem bei unserem Individuum fast vollständig durch die Präparation abradierten Segment gehört. Den vorhergehenden 4. Pleopoden rechne ich zu dem teilweise noch vom Panzer bedeckten vorhergehenden Segment. Demnach würde die Gesamtzahl der Abdominalglieder mit dem Endglied acht betragen.

Trotz der ungünstigen Erhaltung kann man sich namentlich auf Grund des 1. und 2. Beines doch ein ungefähres Bild über den wahrscheinlichen Bau der Pleopoden machen. Der Protopodit der Pleopoden hat, soweit er aus dem Carapax heraustritt, annähernd die Form eines Dreiecks, dessen Spitze proximal liegt; ob er nur eingliedrig oder zweigliedrig ist, läßt sich nicht feststellen, da er bei beiden Pleopoden von mehreren Sprüngen durchsetzt wird. Möglicherweise wird die Spitze des Dreiecks von der Coxa gebildet (ein nach vorne ziehender Bruch. ? Naht, scheint dafür zu sprechen); im Falle der Richtigkeit dieser Annahme wäre die untere Partie der dreieckigen Fläche dann die Basis.

An den Protopoditen legt sich mit breiter Fläche der Spaltfuß. Die Spaltfußnatur, welche bei oberflächlicher Betrachtung kaum unterscheidbar ist, zeigt sich unter der Lupe gut am distalen Ende des ersten Pleopoden in einer deutlich einspringenden schmalen Bucht zwischen dem größeren vorne liegenden Exopoditen und dem kleineren rückwärts gelegenen Endopoditen. Es handelt sich um verhältnismäßig schlanke, schmale Äste, welche sich eng aneinander legen. Segmentierung ist an ihnen nicht erkennbar. Der Vorderrand des Exopoditen ist stark konvex, sein Hinterrand konkav, der Vorderrand des Endopoditen ist konvex, sein Hinterrand nahezu gerade. Am Vorderrand des Exopoditen und am Hinterrand des Endopoditen weisen Grübchen auf den ursprünglichen Besatz mit stärkeren Borsten hin. Ein feiner Borstensaum hat sich am distalen Ende beider Äste gut erhalten. Auch bei den anderen Pleopoden lassen sich an dieser Stelle deutliche Spuren von Borsten nachweisen.

Zwischen dem 1. und 2. Pleopoden ist in tieferer Lage ein von dem proximalen Ende des ersteren ausgehender, nach hinten und abwärts gerichteter Extremitätenrest zu sehen, den ich als den verschobenen Pleopoden der rechten Körperseite betrachte.

Schluß.

An der Hand der bisherigen Beobachtungen läßt sich für Nahecaris folgende Definition geben:

„Carapax einklappig, schildförmig, mit Mediancarina, seitlich je mit Längsleiste und kräftiger Randleiste, vorne mit dornartigem Rostrum, den Thorax und einen Teil des Abdomens umfassend.

Thorax aus 8, Abdomen aus 8 Gliedern bestehend. Vorletztes Abdominalglied sehr lang. Abdominalendglied mit medianem Endstachel und einem Paar gelenkig verbundener, langer, stachelartiger Fortsätze (Furca). Antennula mit größerer, aus stämmigen Gliedern aufgebauter Hauptgeißel und einer ebenso geringelten kürzeren Nebengeißel. Antenne, den Typus des Spaltbeines bewahrend, aus zwei Ästen zusammengesetzt: Endopodit mit ?zweigliedrigem, stämmigen Schaft und einer geringelten, vielgliedrigen, aus gedrungenen Segmenten aufgebauten Geißel, länger wie die Antennula, Exopodit ohne erkennbaren Schaft als kürzere, geringelte, vielgliedrige Geißel entwickelt. (Mandibeln und Maxillen undeutlich erhalten. Hennig-Sammlung Korff). Acht Thoracopoden. Der erste Thoracopod anscheinend zweiästig: Endopodit gekrümmt, mit auffallend schlankem Endabschnitt, der distal mit feinsten Borsten besetzt ist. Exopodit kürzer, distal mit Borsten. Der 2. mit 4. Thoracopod gleichartig, starr, schwertförmig, ein zweiter Ast nicht zu beobachten. Vorder- und Hinterrand mit einer Reihe größerer Borsten besetzt, distal am rudimentären Endglied mit dichtem Borstensaum. Die hinteren vier (5.—8.) Thoracopoden bedeutend kleiner wie die vier vorderen, distal mit Borstensaum. Fünf erkennbare Pleopoden, von denen die vier vorderen (am 1. gut zu sehen) als schlanke, seitlich mit einer Borstenreihe be-

setzte und distal einen Borstensaum tragende Spaltäste
entwickelt sind."

Auf Grund dieser angeführten Merkmale läßt sich Nahecaris
nicht mehr den Leptostraca angliedern, sondern wohl als
eine den Leptostraca vermutlich **gleichwertige Gruppe unter die
Malacostraca** stellen mit folgender Diagnose:

Gruppe: Nahecarida.

Abdomen mit 8 Segmenten: Abdominalendsegment
mit Furca. Vier größere vordere und vier kleinere hintere
Thoracopoden. Der erste Thoracopode abweichend wie
die anderen gebaut, die drei nächsten schwertförmig und
wie die kleineren hinteren der Ortsbewegung dienend.

Nahecaris teilt mit den Eumalacostraca eine für viele
Angehörigen derselben bezeichnende Eigentümlichkeit, nämlich den
Besitz einer Antennula mit zwei geringelten Geißeln,
während bei den Entomostraca die Antennulae nur aus einer
Reihe von Gliedern zusammengesetzt sind und bei den Leptostraca die Nebengeißel lammellös und ungegliedert ist. Dagegen
hat Nahecaris mit dieser letzten Gruppe die Zahl der Abdo-
minalsegmente und die bezeichnende Furca gemeinsam,
welch letztere den erwachsenen Eumalacostracen fehlt.

Ein besonderes Merkmal für Nahecaris sind ferner die zwei
geringelten Geißeln an der Antenne, welche in dieser Form
nicht bei den Malacostraca beobachtet werden, dagegen bei den
Entomostraca verschiedentlich zur Ausbildung kommen.

Der Besitz von **zwei Paar** geringelten Geißeln ist innerhalb der Crustacea eine auffällige, einzig dastehende Erscheinung
und vielleicht ein primitives Merkmal. Sie erfüllten wohl
in erster Linie locomotorischen Zweck, wofür auch ihr ge-
drungener kräftiger Bau zu sprechen scheint. Das steht wohl im
Zusammenhang mit der Bauart sowohl der Thoracopoden
als auch der Pleopoden, die alle Schwimmfußcharakter
tragen.

Auf die gute Schwimmfähigkeit unseres Nahecaris deutet
auch noch eine weitere Eigenschaft hin, nämlich die auffallende
Verlängerung des vorletzten Abdomensegments, das sich

ebenso, worauf H. Balß[1]) hinweist, bei Decapoda natantia besonders bei gut schwimmenden Formen findet, wo es wie bei Nahecaris das vorhergehende Segment um das Doppelte an Größe
überragen kann. Bei den Decapoden inserieren an ihm nach Balß
die Muskeln für den Schwanzfächer; bei unserer Gattung dürften die
Muskeln des Endsegments mit seiner mächtigen F u r c a an ihm
angesetzt haben, die vermutlich als S t e u e r a p p a r a t funktioniert hat.

N a h e c a r i s war demnach wohl eine S c h w i m m f o r m, welche
gegenüber den rezenten frei schwimmenden Crustaceen durch ihre
Größe besonders auffällt; sie hat als solche i n n e r h a l b d e r
s i c h m i t i h r z u s a m m e n f i n d e n d e n ü b r i g e n Fauna anscheinend keine R i v a l e n, die sie zu fürchten gehabt hätte, denn von
den Fischen, die hier in erster Linie in Betracht kommen, handelt
es sich bei Drepanaspis und Coccosteus um plumpe, im Schlamm
lebende Bewohner des Benthos, und auch bei dem wahrscheinlichen
Elasmobranchier Gemündina, über dessen Lebensweise wir infolge
seiner ungenügenden Erhaltung noch nicht orientiert sind, und
der an Größe Nahecaris kaum übertrifft, dürfte vermutlich eine
Grundform vorliegen.

An der Hand des ihm zur Verfügung stehenden Materials
hat Hennig die systematische und verwandschaftliche Stellung von
Nahecaris eingehend und kritisch geprüft, und er stellt mit Vor-
behalt diese Gattung in die Nähe von Rhinocaris, Mesothyra und
Dithyrocaris zu der bereits von J. M. Clarke begründeten Familie
der Rhinocaridae[2]).

Innerhalb dieser bisher zu den Leptostraca gestellten paläozoischen Genera zeigen die Panzer dieser drei Geschlechter große Ähn-
lichkeiten mit dem Carapax von Nahecaris, so daß allein auf
Grund dieses Merkmals an eine gegenseitige Verwandschaft ge-

---

[1]) Balß H. in Kückenthal W. und Krumbach O. Handbuch der
Zoologie, eine Naturgeschichte der Stämme des Tierreichs 3. Band. 1. Hälfte.
Abschnitt Decapoda. 8. Lieferung. 1927. S. 855.

[2]) Hall J. und Clarke J. M. Geolog. Surv. of the State of New York.
Palaeontology Vol. VII. Albany 1888. S. 195. Clarke J. M. On the struc-
ture of the carapace in the Devonian Crustacean Rhinocaris: and the relation of the genus to Mesothyra and the Phyllocarida. American Naturalist 1893,
S. 793. Clarke J. M. Textbook of Palaeontology (Zittel-Eastman 2. Edit. 1913,
S. 753). Dithyrocaris wird hier nur im Anhang der Familie der Rhinocaridae
genannt, zu der nur Rhinocaris und Mesothyra gestellt wird.

dacht werden kann. Nachdem wir aber an den vorliegenden Stücken uns über das Abdomen von Nahecaris unterrichten konnten, daß dasselbe aus acht Segmenten (einschließlich des Endsegments) aufgebaut ist, von denen fünf aus dem Panzer hervortreten, kann ich an eine nähere Verwandschaft zu den oben erwähnten Formen nicht mehr glauben, bei denen zwei oder höchstens drei Segmente des Abdomens aus dem Panzer treten.

Nahecaris zeigt sich infolgedessen mehr als schlanke, gestreckte Form, der gegenüber die Rhinocaridae als gedrungene, geradezu plumpe Kruster erscheinen, bei welchen diese Gestalt — ohne daß wir ihre Extremitäten kennen — möglicherweise auf eine mehr benthonische Lebensweise schließen läßt.

Schon lediglich auf Grund des abweichend gebauten Abdomens ist Nahecaris als Vertreter einer neuen Familie des **Nahecaridae** gegenüber den Rhinocaridae zu betrachten.

Nachdem wir nun außerdem in die Lage gesetzt sind, uns einigermaßen über den Bau der Extremitäten ein Bild zu machen, glaube ich berechtigt zu sein, Nahecaris als Repräsentanten einer den Leptostraca gleichwertigen Gruppe den Malacostraca anzugliedern.

Es erhebt sich nun die Frage bezüglich der systematischen Stellung der übrigen paläozoischen „Phyllocarida", die gewöhnlich (in der paläontologischen Systematik) mehr oder weniger eng als Hymenocarina, Ceratiocarina, Rhinocarina und Discinocarina den Leptostraca angeschlossen werden.[1]

Trotz der großen Zahl der zu diesen Gruppen gestellten Genera sind nur äußerst spärlich Extremitätenreste bekannt geworden. Nur Ch. Walcott[1] konnte bei Hymenocaris außer kleinen gestielten Augen eine kleine gegliederte Antennula, eine große gegliederte Antenne, Mandibel, Maxillula und Maxilla sowie 8 Thoracopoden

---

[1] Clarke J. M. Textbook of Paleontology (Zittel-Eastman) 2. Edit. 1913. S. 748. u. s. w. Pompeckj J. F. Handwörterbuch der Naturwissenschaften. 2. Bd. 1912. Abschnitt Crustacea. S. 791. Zittel-Broili. Grundzüge der Paläontologie I. 6. Auflage 1924. S. 659. Abel O. Lehrbuch der Palaeozoologie 2. Auflage 1924. S. 108.

[1] Walcott Ch. D. Cambrian Geology and Paleontology II.'Nr. 6. Middle Cambrian Branchiopoda, Malacostraca, Trilobita and Merostomata. Smiths. Misc. Coll. Vol. 57. Nr. 6. (Publicat. 2051 1) Washington 1912. S. 184. T. 31, Fig. 1—2.

Textfigur 1.

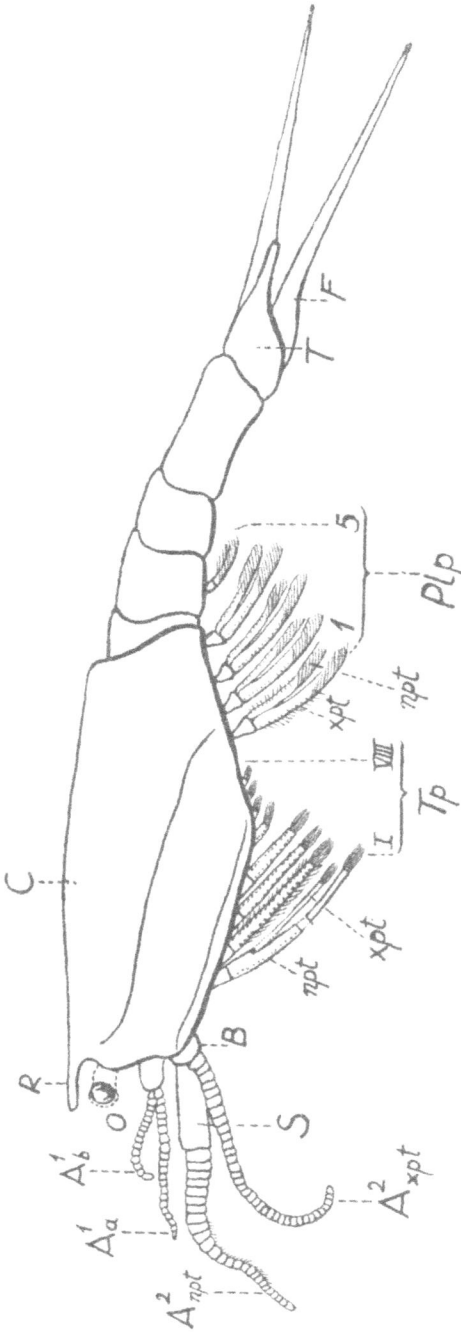

Nahecaris Stürtzi. Jkl. Unterdevonische Dachschiefer Hunsrück. Rekonstruktions-Versuch; in der Hauptsache nach den Münchner Exemplaren.

C. Carapax mit Rostrum R. T. Abdomenendsegment mit Furca F. O Auge (hypothetisch). A¹a Hauptgeißel. A¹b Nebengeißel der Antennula. A²npt Endopodit. A²xpt Exopodit der Antenna. S Schaft des Endopoditen der Antenna. B Basis des Protopoditen der Antenna. Die feinen Borsten am A²npt, dem Endopoditen sind von einem Originale Hennigs genommen. Tp I—VIII. Die 8 Thoracopoda. Plp 1—5. Die 5 Pleopoda. npt Endopodite, xpt Exopodite derselben. Am 2. Thoracopoden und 1. Pleopoden sind die ausgefallenen Borsten, deren Ansatzstellen am Originale durch punktartige Grübchen erkennbar sind. ergänzt. Natürl. Größe.

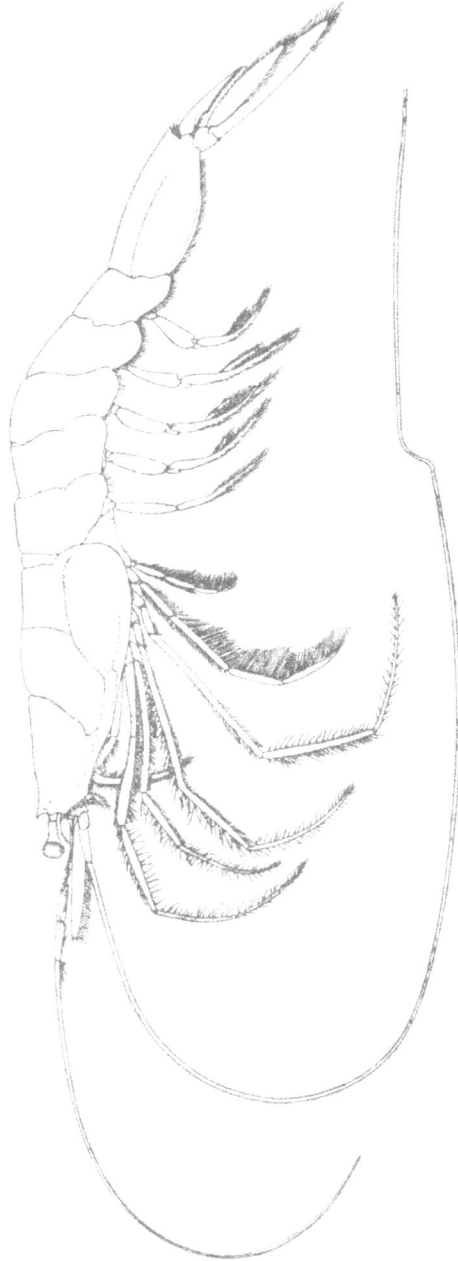

Textfigur 2.

Sergestes arcticus Króyer. Ein pelagischer rezenter Decapode, dessen vorletztes Abdominalsegment ähnlich auffallend verlängert ist wie bei Nahecaris, 2 mal vergrößert nach Stanley Kemp aus: The Decapoda Natantia of the coasts of Ireland. Department of Agriculture and Technical Instruction for Ireland. Scientific Investigations 1908. Nr. 1. (Fisheries, Ireland, Sci. Invest. 1908. I) Dublin. Alex. Thom & Co. 1910. S. 30. Taf. III. Fig. 19.

mit breiten, borstentragenden Exopoditen, dagegen merkwürdiger-
weise bei der sonst guten Erhaltung keine Pleopoden beobachten.

Lediglich Hymenocaris aus dem mittleren und oberen Cam-
brium läßt sich deshalb einstweilen vielleicht mit einiger Berech-
tigung als Vertreter der Hymenocarina den Leptostraca anreihen.

Was aber die Ceratiocarina, Rhinocarina und Discinocarina
anlangt, so schließe ich mich den Anschauungen E. v. Stromer's[1])
an, welcher diese paläozoischen Vertreter, da man an ihnen Gliedmaßen kaum kennt und manche Unterschiede in der wechselnden
Segmentzahl und im Bau des Endsegments bestehen, unter der
Bezeichnung Archaeostraca zusammenfaßt. Dieselben schließen
bei der Vielgestaltigkeit der bei ihnen untergebrachten Formen
vermutlich mehrere den rezenten Leptostraca und den devonischen
Nahecarida gleichwertige Gruppen in sich, und aller Wahrscheinlichkeit haben sie, wie das Beispiel von Nahecaris zeigt, keinerlei
nähere Verwandtschaft zu den Leptostraca.

Diese Gruppe der Archaeostraca läßt sich deshalb am zweck-
mäßigsten als incertae sedis den Malacostraca im weiteren Sinn
angliedern.

Von Herrn Prof. Dr. H. Balß fand ich freundlichste Unterstützung durch fachwissenschaftlichen Rat und Hinweis auf die
einschlägige zoologische Fachliteratur. Herr Dr. J. Schroeder
hatte die Güte, die Photographien anzufertigen. Beiden Herren
sei auch hier herzlichst gedankt.

---

[1]) Stromer v. Reichenbach E. Lehrbuch der Paläozoologie I. 1909.
S. 286.

Tafel-Erklärung.

Die beiden von Herrn Dr. J. Schroeder aufgenommenen Photographien
sind ohne jede Retouche! Mit Hilfe eines Leseglases lassen sich Details
sehr gut erkennen.

Fig. 1. Nahecaris Stürtzi Jkl. Unterdevonische Dachschiefer von Gemünden im Hunsrück (Rheinprovinz). Exemplar von der Dorsalseite. Nat. Größe.

Fig. 2. Desgl. von Bundenbach (Hunsrück). Exemplar in Seitenlage.
Am 2. u. 3. Thoracopoden sind die Borsten-Grübchen und am 1. bis 3. Pleopoden die Borsten selbst gut zu sehen. Natürl. Größe.

Man vergleiche den Rekonstruktionsversuch im Text!

Das normale luftelektrische Potentialgefälle in München 1906–1925.

Von **C. W. Lutz.**

Mit 2 Textfiguren.

Vorgelegt von A. Wilkens in der Sitzung am 14. Januar 1928.

Die luftelektrische Beobachtungsstelle der Erdphysikalischen Warte bei der Sternwarte in München verdankt ihre Errichtung und ihren Fortbestand der Anregung und den wiederholten Zuwendungen der Bayerischen Akademie der Wissenschaften. Neben anderen luftelektrischen Untersuchungen wurden auch die Aufzeichnungen des Potentialgefälles während der ersten 5 Jahre (1905,5—1910,5) in den Sitzungsberichten der genannten Akademie veröffentlicht (Sitz.-Ber. d. Bay. Akad. d. Wiss., Math.-phys. Kl. 1911, S. 305). Hier finden sich auch ausführliche Angaben über die Einrichtung der Warte und über das Verfahren, das bei der Auswertung der Aufzeichnungen angewendet wird.

Wesentliches wurde an der Apparatur nicht geändert. Nur die Tragvorrichtung des Polonium-Kollektors mußte verbessert werden. An Stelle der schadhaft gewordenen Bambusstange kam ein gezogenes schwarz emailliertes Aluminiumrohr von 30 mm Außendurchmesser und 1 mm Wandstärke; an Stelle der Hartgummiträger kräftige Zylinder aus echtem Bernstein, die zum Zwecke des Staubschutzes ähnlich wie früher eingekapselt sind. Die Lage der Potentialsonde im Raum ist dabei die gleiche geblieben. Die neue Vorrichtung hat sich in nunmehr 16jährigem Betrieb vorzüglich bewährt.

Der Kollektor wurde vierteljährlich nach dem Verfahren von E. Paneth[1] neu polonisiert[2]. Seine praktische Ladungsdauer beträgt $^1/_2$ bis $^3/_4$ Min.

---

[1] St. Meyer u. E. Schweidler, Radioaktivität. 2. Aufl., Leipzig 1927, S. 449.

[2] Die zum Polonisieren nötige Radiobleinitratlösung verdanke ich Herrn Prof. K. Fajans.

Der Reduktionsfaktor wurde alle 2 bis 3 Jahre an mehreren heiteren Tagen durch längere Messungsreihen auf einer Wiese ca. 300 m nordöstlich der Sternwarte bestimmt. Hierzu dienten bis zum Jahre 1920 zwei Flammenkollektoren in der früher beschriebenen Anordnung. Nachdem aber ausgedehnte Vergleichsmessungen im freien Felde[1]) erwiesen hatten, daß der bequemer zu handhabende Hoffmannsche Wasserkollektor mit Bodenisolator ebenso genaue Messungen ermöglicht, wurde nur mehr dieser Apparat in Verbindung mit dem einfachen Saitenelektrometer verwendet. Der Reduktionsfaktor beträgt 1.14, d. h., die vom Benndorfschen selbstregistrierenden Elektrometer jeweils angezeigte Spannung gegen Erde in Volt ist mit 1.14 zu multiplizieren, um das gleichzeitig in der freien Ebene bestehende Potentialgefälle in Volt/m zu erhalten.

Die Auswertung der Aufzeichnungen geschah in der bereits früher beschriebenen Weise nach dem Verfahren von Ad. Schmidt mit dem von mir angegebenen Ableseinstrument. Um den Verlauf des vor allem wichtigen normalen luftelektrischen Potentialgefälles zu erhalten, wurden wiederum nur die Aufzeichnungen an heiteren und auch elektrisch ungestörten Tagen herangezogen.

Tabelle 1 (S. 22—29) gibt die Monatsmittel des täglichen Ganges an heiteren Tagen, dargestellt durch Stundenmittelwerte in Volt/m, bezogen auf mittlere Münchner Ortszeit sowie den jährlichen Gang für die einzelnen noch nicht veröffentlichten Beobachtungsjahre 1910—1925.

Tabelle 2 (S. 30) gibt den mittleren täglichen und jährlichen Gang für die gesamte 20jährige Beobachtungszeit 1906—1925, wiederum nach Stundenmittelwerten.

Diese Stundenmittel gelten nun strenggenommen für keinen bestimmten Zeitpunkt. Sie sind daher weder zur graphischen Darstellung noch zur harmonischen Analyse, die beide Augenblickswerte verlangen, geeignet. Mit dem von Ad. Schmidt[2]) angegebenen Interpolationsverfahren lassen sich einfach und doch hinreichend genau aus den Stundenmitteln die zu den vollen Stunden

---

[1]) C. W. Lutz, Zeitschrift für angewandte Geophysik, **1**, 218, 1923.

[2]) Ad. Schmidt, Ergeb. d. magnet. Beob. in Potsdam i. J. 1905, Berlin 1908, S. 40. Dieselben i. J. 1911, Berlin 1912, S. 39. Terr. Magnet. and Atmosph. Elektr. **25**, 139, 1920.

geltenden Augenblickswerte berechnen. Diese stündlichen Werte, die in Tabelle 3 (S. 31) zusammengestellt sind, wurden zur graphischen Darstellung des täglichen Ganges (Abb. 2) verwendet und der harmonischen Analyse (Tab. 6, S. 35) unterworfen.

Abgesehen von der geringfügigen Ausgleichung, die mit dem Schmidtschen Interpolationsverfahren verbunden ist, geschah keine weitere Glättung der Zahlenwerte, um nicht Besonderheiten zu verwischen und die Amplituden nicht zu verkleinern.

Jahresmittel. Der 20 jährige Mittelwert des Potentialgefälles in München ist 179 Volt/m. Im Sommer (April bis September) beträgt das Gefälle 133 Volt/m, im Winter (Oktober bis März) 225 Volt/m. (Tab. 2, S. 30).

In Tabelle 4 sind die Jahresmittel von 1906—1925 zusammengestellt, die, wie an anderen Orten, nicht unbeträchtliche Schwankungen zeigen, ohne daß aber ein deutlicher Gang darin hervorträte.

Jahresmittel 1906—1925

Tabelle 4.   in Volt/m und Sonnenflecken-Relativzahlen.

Jahr	1906	1907	1903	1909	1910	1911	1912	1913	1914	1915
dV/dh	166	170	178	173	182	169	171	172	157	156
S. R. Z.	53,8	62,0	48,5	43,9	18,6	5,7	3,6	1,4	9,6	47,4

Jahr	1916	1917	1918	1919	1920	1921	1922	1923	1924	1925
dV/dh	157	186	179	184	181	178	203	203	201	215
S. R. Z.	57,1	103,9	80,6	63,6	37,6	24,7	14,7	5,5	16,7	44,6

Wohl hat es L. A. Bauer[1]) wahrscheinlich gemacht, daß zwischen der Sonnentätigkeit und dem luftelektrischen Potentialgefälle ein Zusammenhang besteht. Die Münchner Beobachtungen ergaben aber ebensowenig wie die Potsdamer[2]) den geforderten gleichsinnigen Gang zwischen den Jahresmitteln der Wolf-Wolferschen[3]) Sonnenflecken-Relativzahlen und den entsprechenden Jahresmitteln des Potentialgefälles, wie Tab. 4 zeigt. Ja, vom

[1]) L. A. Bauer, Researches of the Department of Terrest. Magnetism. Vol. V. Ocean Magnet. and Electr. Observ., 1915—1921. Washington, D. C. 1926, S. 361.

[2]) K. Kähler, Ergeb. d. meteor. Beob. in Potsdam i. d. J. 1921, 1922 u. 1923, Berlin 1924.

[3]) A. Wolfer, Meteor. Zeitschr. **39**, 326, 1922.

C. W. Lutz

Täglicher und jährlicher Gang des normalen luftelek-

Tabelle I.

Stundenmittelwerte in

	0—1	1—2	2—3	3—4	4—5	5—6	6—7	7—8	8—9	9—10	10—11	11—12
Januar												
1910	232	250	188	196	302	304	307	322	396	294	390	400
1911	261	191	173	156	157	182	235	284	325	332	329	325
1912	160	146	110	122	130	153	153	244	271	280	263	275
1913	211	172	154	157	179	236	242	277	295	316	320	326
1914	203	177	172	169	169	177	242	293	314	333	311	294
1915	147	134	125	125	123	205	271	334	294	266	260	294
1916	177	140	142	148	175	199	295	355	363	352	400	382
1917	171	150	158	122	118	150	171	233	236	240	229	225
1918	275	258	247	234	224	256	319	320	354	387	375	336
1919	152	134	143	123	121	154	190	213	258	256	251	249
1920	205	198	183	213	235	287	324	400	435	440	442	420
1921	169	145	150	142	140	200	243	282	286	308	349	323
1922	169	144	117	144	182	160	193	243	275	301	296	277
1923	203	177	172	150	169	222	320	358	384	413	421	468
1924	272	234	227	207	202	217	274	315	412	407	436	422
1925	217	198	180	189	208	243	298	341	370	419	363	358
Februar												
1910	184	154	137	147	139	177	255	266	334	354	351	346
1911	179	175	164	177	160	201	232	285	275	267	290	285
1912	184	157	156	168	143	176	253	276	299	307	310	312
1913	142	134	128	127	124	146	207	240	276	305	228	244
1914	223	200	180	148	142	179	247	281	324	330	288	277
1915	194	181	144	145	171	187	243	316	297	345	334	359
1916	148	160	139	160	165	165	218	237	249	228	230	239
1917	261	258	225	172	186	251	326	340	375	404	321	326
1918	162	144	120	125	117	154	190	239	271	274	261	299
1919	221	202	185	171	179	195	256	356	376	354	338	321
1920	156	139	138	128	134	151	217	269	321	296	247	249
1921	173	181	142	144	159	157	233	275	327	287	274	267
1922	234	206	186	188	175	210	303	339	349	349	360	346
1923	203	174	158	144	153	170	267	339	337	322	318	305
1924	270	209	209	234	204	234	296	286	382	320	347	361
1925	173	146	128	129	148	191	207	262	280	278	271	265
März												
1910	147	139	127	137	147	166	222	257	284	285	265	205
1911	128	110	103	110	119	128	165	203	225	195	172	163
1912	106	86	80	72	89	112	147	200	238	240	205	181
1913	166	156	142	128	143	153	210	277	275	276	251	237
1914	78	78	65	75	88	125	179	220	212	207	227	212
1915	125	122	115	99	103	150	202	252	250	249	218	227
1916	127	116	121	106	115	134	172	192	224	198	193	181
1917	152	127	119	132	153	158	233	267	262	270	275	301
1918	139	134	117	120	109	147	181	239	255	253	248	226
1919	118	105	92	95	125	138	189	233	292	256	195	185
1920	119	119	104	102	113	138	178	227	244	284	321	287
1921	150	125	111	108	121	168	233	286	291	264	251	219
1922	162	138	122	119	131	165	203	256	299	305	284	267
1923	143	127	108	122	108	119	158	224	225	215	200	194
1924	157	161	152	152	157	171	217	258	291	320	272	265
1925	178	184	159	148	141	172	208	254	272	309	302	263

trisohen Potentialgefälles in den Jahren 1910 — 1925.

Volt/m. Mittlere Ortszeit.

12-13	13-14	14-15	15-16	16-17	17-18	18-19	19-20	20-21	21-22	22-23	23-0	Monats-Mittel	Zahl d. Tage
384	416	342	367	345	355	364	339	326	800	252	166	314	3
302	308	275	275	310	298	346	314	339	326	262	232	272	5
236	207	189	182	190	204	271	268	260	228	208	223	207	9
348	327	318	802	275	320	857	351	346	320	275	243	278	10
260	284	276	273	236	246	333	341	328	301	287	263	262	10
268	253	277	254	235	227	199	245	253	232	182	147	223	5
269	277	295	272	255	301	858	373	340	292	224	205	274	7
316	302	323	315	295	295	306	335	326	302	287	257	244	7
323	323	291	801	312	336	370	430	379	862	341	306	319	10
254	241	212	222	245	274	282	245	226	218	195	171	210	5
404	372	362	378	355	457	477	427	435	368	331	249	350	5
313	299	269	265	267	275	323	342	294	243	192	176	250	5
275	299	323	306	334	348	277	280	282	286	277	231	249	8
330	355	339	337	389	453	482	453	445	367	335	286	334	7
368	359	342	344	311	328	330	337	352	281	289	294	315	5
290	262	264	289	304	307	354	373	322	315	281	248	291	7
346	316	282	274	262	276	311	336	324	272	231	199	261	8
292	310	301	262	277	331	328	313	317	295	267	218	258	10
278	259	244	259	251	243	280	298	298	274	217	182	243	9
242	211	215	218	211	204	213	237	265	266	204	193	207	11
249	276	251	254	226	237	239	285	294	271	283	240	247	13
278	260	232	219	225	238	265	306	331	297	284	237	254	10
230	218	203	204	221	240	263	264	284	230	228	186	213	9
295	299	327	333	806	313	380	391	333	302	258	225	298	9
329	303	288	259	253	250	335	319	857	343	232	210	243	8
323	338	323	297	272	298	294	828	348	292	266	251	283	9
232	247	222	224	222	247	267	308	299	249	232	173	224	12
234	221	229	203	221	222	234	279	267	262	207	162	223	7
284	298	310	330	310	323	344	339	844	327	294	229	291	10
248	268	243	292	275	313	316	336	830	287	224	200	257	6
342	406	402	385	358	368	390	400	856	365	363	315	323	6
299	244	239	244	252	303	853	389	311	283	204	167	240	7
181	175	167	144	127	118	129	170	240	209	215	196	185	10
159	146	130	132	138	137	161	188	160	175	160	130	152	11
178	156	161	158	169	185	200	213	186	185	150	134	160	9
247	226	215	191	188	197	210	224	266	204	189	159	205	11
199	185	189	168	160	170	162	207	203	162	148	148	161	8
182	173	162	162	157	159	126	143	179	160	151	148	167	7
184	169	165	143	124	128	139	163	180	168	156	140	156	10
261	248	250	242	236	264	282	304	251	226	184	158	223	9
205	184	170	168	163	170	216	288	256	205	178	155	189	15
221	210	190	197	194	203	272	304	292	258	179	146	195	9
254	208	207	205	183	175	193	240	212	207	185	138	193	12
183	162	161	150	149	140	166	197	233	224	221	159	186	18
251	239	229	222	227	224	243	262	248	234	198	186	217	12
175	165	148	139	134	134	122	139	151	162	150	145	154	12
222	212	203	200	181	178	197	221	219	198	178	144	205	10
288	255	256	263	288	285	273	269	308	308	266	250	246	6

Täglicher und jährlicher Gang des normalen luftelek-

Tabelle I.   Stundenmittelwerte in

	0—1	1—2	2—3	3—4	4—5	5—6	6—7	7—8	8—9	9—10	10—11	11—12
April												
1910	139	135	124	119	114	144	196	241	211	201	157	135
1911	119	113	103	96	97	115	163	161	224	222	165	151
1912	102	86	91	84	88	108	160	198	219	204	166	141
1913	120	114	97	98	112	134	199	208	215	225	177	138
1914	105	92	81	80	82	97	143	172	186	162	155	138
1915	90	85	79	66	66	93	122	140	181	178	146	125
1916	82	83	82	80	88	104	145	207	172	160	148	118
1917	175	160	144	130	158	203	264	330	298	236	195	181
1918	138	133	123	126	134	170	214	269	288	253	216	174
1919	102	87	80	92	84	95	153	180	174	161	156	134
1920	138	129	131	103	114	150	259	309	303	277	224	215
1921	80	70	72	62	63	67	127	218	229	188	171	154
1922	132	120	110	141	136	186	194	239	323	318	265	231
1923	108	108	100	110	107	119	179	213	220	205	186	172
1924	132	108	111	113	123	159	207	329	299	239	210	188
1925	121	100	108	123	117	149	182	237	245	214	178	161
Mai												
1910	124	120	95	91	114	144	186	201	179	180	144	115
1911	107	96	106	85	96	148	195	232	221	191	150	113
1912	91	79	78	75	76	82	118	134	155	146	118	103
1913	97	95	91	81	91	114	156	193	189	164	142	123
1914	91	75	80	80	85	85	125	166	165	121	97	104
1915	65	56	53	54	56	69	93	107	116	109	101	94
1916	85	86	79	77	109	160	199	190	187	175	145	131
1917	79	87	85	95	102	140	174	184	169	141	119	110
1918	93	88	88	99	112	160	197	213	200	178	144	117
1919	76	72	67	61	64	85	120	120	125	120	107	100
1920	89	79	62	60	66	101	148	198	175	144	129	118
1921	118	101	92	82	74	132	205	262	239	185	150	125
1922	124	115	112	95	100	120	175	215	182	193	162	144
1923	117	115	117	112	112	144	200	244	243	225	196	191
1924	108	108	109	113	125	168	214	221	231	195	168	139
1925	141	128	113	112	117	161	217	231	199	184	159	136
Juni												
1910	104	98	71	76	75	95	128	190	180	143	130	116
1911	129	115	99	93	106	142	170	176	188	160	142	138
1912	80	82	68	67	90	103	149	188	185	173	146	125
1913	87	81	83	79	88	106	145	159	148	137	121	106
1914	111	92	80	74	85	108	145	175	193	160	140	132
1915	100	90	97	81	85	119	141	176	172	148	131	110
1916	92	86	80	79	85	110	151	165	140	125	121	121
1917	71	74	74	74	90	122	160	171	166	133	116	104
1918	77	85	74	82	88	122	147	165	183	165	150	131
1919	103	84	71	66	75	87	110	136	143	130	120	108
1920	82	79	77	79	91	128	150	183	170	143	146	129
1921	137	123	104	103	113	139	176	231	217	180	168	169
1922	108	105	93	88	93	129	170	191	215	193	170	132
1923	172	168	136	122	131	141	151	200	200	188	179	177
1924	92	80	79	70	62	104	132	157	150	185	128	128
1925	108	106	101	95	107	124	166	173	156	136	145	138

trischen Potentialgefälles in den Jahren 1910 — 1925.

Volt/m. Mittlere Ortszeit.

12-13	13-14	14-15	15-16	16-17	17-18	18-19	19-20	20-21	21-22	22-23	23-0	Monats-Mittel	Zahl d. Tage
129	134	139	129	136	136	157	182	184	159	149	124	153	7
152	152	135	135	142	137	155	159	150	134	102	103	141	8
129	129	131	130	129	122	125	119	125	106	120	108	130	9
135	134	139	132	119	95	113	120	121	131	110	93	137	8
135	133	128	122	119	116	136	153	162	131	115	104	127	11
119	120	110	109	109	104	100	120	141	123	97	90	113	7
107	103	104	100	98	92	89	98	95	95	88	82	109	11
184	175	183	172	181	180	181	208	195	163	161	132	191	8
157	150	139	134	133	139	123	139	150	136	122	112	161	12
161	159	169	167	156	144	162	205	235	187	149	136	147	9
198	165	151	171	171	146	185	168	203	178	170	156	184	7
132	128	127	121	120	106	104	108	125	101	75	65	117	8
244	218	184	182	191	167	148	169	210	200	174	143	193	5
172	148	146	134	120	115	115	124	131	107	105	100	139	11
154	138	138	149	159	180	192	222	226	205	171	154	179	4
148	133	121	114	114	120	130	151	161	145	127	123	147	9
98	83	79	76	95	115	94	83	90	91	90	111	117	8
104	104	104	112	112	98	97	132	133	134	117	123	130	10
112	108	107	115	117	123	107	106	110	91	75	67	104	8
106	103	101	99	99	97	97	91	87	95	88	88	112	10
92	95	101	94	94	97	99	92	126	119	128	118	105	7
79	85	77	77	74	74	71	104	104	87	72	57	81	11
130	125	119	110	109	119	125	130	124	112	118	107	127	13
113	104	104	101	93	92	92	90	96	104	96	79	110	16
110	109	107	106	109	109	109	95	98	109	98	93	123	16
95	94	94	92	90	87	84	90	112	110	94	80	93	15
118	116	131	134	126	118	104	96	96	104	101	94	113	8
127	120	120	115	106	104	99	108	118	140	142	128	133	12
131	124	127	126	117	112	107	112	146	167	156	132	137	12
189	170	158	146	158	165	188	212	250	201	177	134	174	14
142	142	142	139	150	150	163	180	171	174	135	128	155	10
115	119	121	122	114	118	122	125	142	131	130	136	141	13
101	99	89	91	81	89	91	86	85	95	95	116	105	5
132	126	121	120	113	113	121	137	141	137	134	132	133	10
126	111	111	104	114	99	100	108	127	135	115	107	117	8
117	116	114	106	127	119	126	144	132	128	139	130	118	9
128	121	118	111	112	112	116	118	148	158	142	122	125	9
94	97	82	71	85	103	93	94	107	100	90	84	106	11
110	97	110	109	118	121	113	116	97	83	82	85	108	8
95	88	88	85	84	84	87	85	90	87	82	64	99	15
131	118	117	112	110	117	122	128	147	138	126	96	122	11
107	108	108	105	100	100	110	134	146	123	108	94	107	14
113	109	121	119	133	131	134	150	139	139	118	97	123	7
147	140	144	149	152	162	172	190	183	190	178	157	159	11
143	139	143	134	139	139	158	144	136	124	126	117	139	11
153	141	136	143	143	141	151	174	198	182	153	138	159	7
121	128	120	123	127	130	145	132	138	133	115	109	118	7
122	121	126	131	126	124	125	134	171	174	158	120	133	12

Täglicher und jährlicher Gang des normalen luftelek-

Tabelle I.   Stundenmittelwerte in

	0—1	1—2	2—3	3—4	4—5	5—6	6—7	7—8	8—9	9—10	10—11	11—12
Juli												
1910	128	96	105	104	96	120	208	221	225	186	180	166
1911	85	75	67	67	70	77	102	125	132	130	113	106
1912	104	74	67	71	74	79	131	166	164	146	135	119
1913	103	87	77	76	94	110	164	163	218	195	166	161
1914	80	63	57	50	57	74	102	141	121	90	88	80
1915	90	78	75	72	90	110	134	182	172	176	148	151
1916	68	51	44	48	59	103	125	145	146	154	128	130
1917	93	85	79	73	85	118	170	174	181	147	135	126
1918	85	86	77	75	98	139	171	187	192	173	144	134
1919	125	107	89	82	118	130	166	228	248	225	200	217
1920	99	96	79	72	76	121	176	202	187	155	134	119
1921	111	89	84	75	75	94	132	169	168	174	159	140
1922	96	91	79	74	77	110	158	191	181	170	155	136
1923	115	107	96	93	101	122	162	175	172	165	155	141
1924	103	101	82	75	82	106	137	178	185	161	142	130
1925	130	107	104	106	96	138	190	235	230	214	192	175
August												
1910	125	111	111	101	94	122	204	275	246	185	167	158
1911	93	83	71	65	66	81	115	141	168	147	132	119
1912	106	104	97	88	106	130	185	210	231	205	212	192
1913	91	80	72	66	61	77	127	182	186	170	144	137
1914	92	81	74	80	77	97	138	146	178	162	140	133
1915	104	87	69	69	69	84	140	169	165	151	137	125
1916	65	56	50	51	54	100	140	174	190	171	136	125
1917	93	84	73	78	84	116	155	167	184	177	146	119
1918	83	75	70	67	80	131	194	219	211	208	194	194
1919	1)											
1920	111	92	79	72	74	121	173	207	208	192	166	155
1921	97	86	75	70	75	108	188	234	221	183	156	142
1922	144	114	110	115	122	146	175	212	224	205	200	179
1923	114	110	91	79	71	101	150	206	203	175	160	139
1924	115	109	97	94	103	128	159	222	166	156	150	144
1925	149	149	129	117	99	138	211	246	271	254	234	195
Septemb.												
1910	140	140	120	104	101	140	166	219	193	208	194	150
1911	124	99	84	81	83	99	143	191	229	226	207	185
1912	2)											
1913	91	72	62	58	73	83	135	166	156	160	155	141
1914	84	78	70	68	75	105	150	163	153	173	152	125
1915	81	68	65	60	65	69	110	170	185	159	137	122
1916	94	89	73	68	91	94	133	181	184	158	157	134
1917	88	79	74	67	71	95	135	175	194	183	163	149
1918	88	69	54	48	50	56	117	189	219	214	210	198
1919	77	67	61	56	62	79	138	212	205	203	187	177
1920	97	94	76	77	69	76	126	192	225	213	190	171
1921	104	86	68	62	70	79	126	181	200	215	200	173
1922	132	134	144	110	102	119	162	189	203	167	188	175
1923	108	103	93	93	98	121	170	232	250	222	201	179
1924	125	109	101	96	82	101	171	236	265	238	215	197
1925	125	112	99	101	114	122	187	257	283	292	260	253

1) Uhrwerk in Reparatur.   2) Bauliche Änderungen im Registrierraum.

trischen Potentialgefälles in den Jahren 1910 — 1925.

Volt/m. Mittlere Ortszeit.

12-13	13-14	14-15	15-16	16-17	17-18	18-19	19-20	20-21	21-22	22-23	23-0	Monats-Mittel	Zahl d. Tage
141	143	128	121	120	126	154	144	141	148	144	150	146	7
98	93	89	88	89	88	94	103	116	104	103	90	96	11
108	107	97	98	99	97	93	85	82	90	87	82	102	11
155	146	150	144	137	135	139	153	159	150	128	110	138	9
51	50	48	51	58	68	77	82	81	77	68	67	74	9
159	151	143	138	137	138	138	166	151	150	131	113	133	7
128	122	115	106	113	128	122	110	107	104	97	89	106	11
130	122	116	118	118	122	133	130	144	141	127	108	124	10
139	134	136	133	133	128	123	96	106	101	104	90	124	13
136	115	138	125	108	113	138	162	153	146	161	169	150	3
126	119	111	111	109	103	104	97	129	139	131	109	121	13
135	121	116	111	109	111	113	113	142	149	133	113	122	20
129	126	126	117	117	117	124	150	158	143	127	115	128	13
134	126	122	129	136	134	136	124	158	163	146	124	135	15
130	123	121	128	121	125	144	135	150	161	132	118	128	9
159	155	157	149	148	159	164	186	208	203	166	145	163	9
141	136	149	146	145	145	156	144	145	139	126	111	149	7
124	111	106	107	110	102	117	142	172	188	155	117	118	9
173	162	155	126	143	146	137	161	153	150	146	134	152	9
128	121	116	113	114	110	114	124	146	127	114	109	118	10
123	109	104	95	90	87	78	88	111	116	118	109	109	13
125	118	116	115	115	120	101	120	120	138	140	126	118	9
107	101	98	100	101	103	104	104	110	109	92	85	105	13
118	112	102	101	93	84	87	96	119	122	98	85	112	11
170	157	165	157	149	155	163	154	167	152	120	109	148	10
146	143	141	136	129	141	151	171	160	153	136	116	141	13
133	127	113	103	97	99	99	120	149	147	135	118	128	13
162	151	144	146	139	139	139	143	160	175	157	144	156	12
163	148	134	131	126	126	126	120	141	153	139	131	135	18
164	145	125	137	147	125	140	162	183	154	121	103	139	4
151	145	137	139	138	137	163	189	201	194	166	136	170	11
139	139	139	136	135	126	154	181	175	137	119	136	149	10
168	163	142	130	126	120	141	188	172	164	126	137	147	11
120	130	128	127	125	120	128	137	127	116	106	93	117	10
125	115	116	105	97	87	106	113	122	113	95	87	112	13
118	112	109	107	112	113	116	148	156	123	103	77	112	12
116	116	113	115	112	116	107	124	138	121	119	106	119	12
143	133	127	129	124	124	136	155	166	150	132	101	129	15
184	181	178	171	176	171	182	195	163	125	112	94	144	13
162	139	129	144	156	179	213	223	171	134	103	82	140	8
165	165	161	153	153	155	180	197	198	173	175	126	150	8
161	162	154	139	147	150	152	188	183	185	149	123	144	16
239	208	212	218	181	215	218	220	196	193	170	169	178	5
181	169	158	148	143	162	189	236	229	177	138	119	163	11
169	150	147	142	135	156	164	178	195	169	142	127	159	11
232	228	207	212	225	239	262	260	255	217	175	150	203	7

Täglicher und jährlicher Gang des normalen luftelek-

Tabelle I. Stundenmittelwerte in

	0—1	1—2	2—3	3—4	4—5	5—6	6—7	7—8	8—9	9—10	10—11	11—12
Oktober												
1910	136	111	112	94	88	126	147	198	203	176	158	135
1911	93	88	94	88	98	135	184	254	259	226	201	196
1912	1)											
1913	148	135	108	108	127	144	181	186	195	234	195	164
1914	97	97	88	77	82	77	122	155	192	186	176	151
1915	87	77	97	97	110	126	162	199	213	179	157	138
1916	92	92	86	104	110	142	183	208	237	220	180	168
1917	82	82	62	71	95	98	143	166	200	208	206	203
1918	115	106	99	91	86	102	125	149	202	168	157	139
1919	110	89	94	84	103	126	151	171	192	187	192	179
1920	124	111	102	97	91	104	134	181	225	185	166	163
1921	130	113	113	108	115	127	140	192	210	210	198	195
1922	120	93	79	100	131	172	205	227	275	234	227	236
1923	138	113	100	84	95	89	170	282	250	265	277	239
1924	130	121	113	115	116	144	183	227	239	231	239	200
1925	129	117	123	119	120	150	189	245	233	225	216	211
November												
1910	110	89	81	116	156	168	244	269	284	285	249	254
1911	172	133	128	126	126	128	164	223	245	235	214	223
1912	166	139	114	122	133	200	219	243	271	278	241	252
1913	168	150	116	105	98	134	166	193	239	264	278	253
1914	143	129	121	128	143	173	196	239	293	281	263	250
1915	197	201	188	182	175	204	247	260	269	262	249	206
1916	119	109	109	106	115	122	148	195	227	207	183	196
1917	121	121	116	95	132	161	195	231	259	270	261	222
1918	144	136	134	123	125	134	165	218	227	178	149	134
1919	159	136	138	118	126	182	240	312	328	355	331	303
1920	101	87	92	84	82	89	111	126	190	188	187	151
1921	142	145	118	133	161	142	164	292	332	368	366	251
1922	163	143	117	115	132	162	208	296	291	336	265	268
1923	129	124	124	124	117	160	217	220	244	253	277	258
1924	191	209	144	157	164	171	200	244	270	277	242	267
1925	211	204	200	191	197	250	356	382	365	303	324	338
Dezember												
1910	198	170	153	163	135	173	235	279	309	295	323	281
1911	193	172	159	152	157	161	181	267	292	281	249	230
1912	173	150	149	125	155	209	255	287	307	310	311	287
1913	196	210	177	208	197	235	282	336	330	345	327	309
1914	140	149	155	136	141	178	226	260	299	287	285	261
1915	129	139	132	126	126	157	216	241	281	272	277	316
1916	181	128	137	137	159	175	204	230	215	225	242	258
1917	240	209	172	167	160	191	242	267	290	336	382	408
1918	170	160	171	128	139	195	274	298	325	311	343	303
1919	179	207	233	174	176	207	228	269	331	363	343	317
1920	227	198	160	121	153	203	274	286	373	361	382	375
1921	186	181	190	193	214	255	310	356	383	390	361	332
1922	286	265	258	215	243	308	334	399	461	473	473	389
1923	311	253	225	131	218	351	379	315	382	330	415	382
1924	354	323	257	209	202	202	243	325	417	467	433	287
1925	279	233	185	207	221	231	233	326	396	340	313	321

1) Bauliche Änderungen im Registrierraum.

trischen Potentialgefälles in den Jahren 1910 — 1925.

Volt/m. Mittlere Ortszeit.

12-13	13-14	14-15	15-16	16-17	17-18	18-19	19-20	20-21	21-22	22-23	23-0	Monats-Mittel	Zahl d. Tage
151	144	137	129	124	122	112	138	140	130	90	96	133	8
182	165	150	147	169	165	169	169	157	128	132	128	157	11
142	139	157	163	155	155	162	177	163	121	120	126	154	10
131	126	128	125	121	116	133	145	138	119	123	94	125	9
126	118	115	115	103	100	110	135	147	134	123	104	128	9
158	165	169	166	148	154	168	168	154	133	101	89	150	10
203	174	161	152	157	153	195	220	181	166	132	95	150	9
129	133	141	152	155	178	190	192	181	153	134	131	142	9
131	144	148	151	157	161	203	238	217	189	167	123	154	8
148	155	165	161	150	158	197	202	195	150	134	113	150	11
169	164	156	152	132	140	198	246	219	192	176	159	165	17
169	169	188	150	151	163	167	151	134	112	100	89	160	5
232	224	237	236	256	263	284	282	256	203	177	156	205	8
168	173	174	164	150	147	174	207	186	164	168	157	171	10
185	181	195	197	214	250	253	255	239	210	188	153	192	11
248	243	244	233	211	233	290	325	319	302	191	181	222	6
190	200	172	172	191	219	201	240	234	215	187	201	189	7
237	239	273	279	306	311	307	306	291	237	212	160	231	8
260	253	250	221	186	215	273	294	257	240	222	193	210	7
264	244	233	225	217	233	271	263	250	225	176	142	213	9
170	176	182	196	190	207	224	262	224	206	190	169	210	8
181	195	189	195	192	210	218	230	208	216	169	159	175	9
226	202	192	220	226	276	298	320	284	229	172	152	218	8
150	131	133	144	176	214	247	263	240	214	205	195	174	10
274	305	297	258	241	290	305	289	281	238	210	184	246	9
136	151	173	160	148	185	207	163	170	158	165	165	145	10
210	238	200	162	133	162	291	251	286	224	193	176	214	3
213	224	246	244	262	313	332	336	311	279	251	217	238	7
286	280	255	244	246	253	310	292	280	244	186	165	220	7
195	190	188	180	157	229	303	301	292	263	236	200	220	5
345	337	322	366	376	485	468	493	500	414	290	244	332	2
243	251	269	255	237	263	265	275	308	280	280	229	244	7
241	218	234	255	241	259	275	265	280	230	166	168	222	9
310	268	257	288	271	300	337	338	339	326	299	260	263	11
313	323	289	260	272	286	324	326	290	255	215	217	272	8
278	271	254	232	246	257	270	257	239	196	168	136	222	11
291	294	300	278	249	263	290	244	250	228	203	188	229	8
275	287	295	284	271	263	296	328	301	326	280	224	238	8
439	405	417	386	327	416	448	496	504	391	330	278	330	6
330	309	261	208	227	271	321	298	274	264	242	231	252	5
287	294	304	300	335	396	445	469	436	338	320	276	301	6
343	282	291	267	297	314	343	334	282	232	232	230	273	5
306	322	301	330	342	371	387	366	328	286	248	217	298	8
389	361	360	372	390	401	387	375	406	346	284	280	352	5
467	498	437	403	427	434	411	406	375	403	358	299	359	2
226	190	226	231	258	354	330	380	419	337	292	270	301	5
282	270	288	299	360	448	387	449	500	431	339	287	318	5

Tabelle 2.

Mittlerer täglicher und jährlicher Gang 1906—1925.

Stundenmittel in Volt/m. Mittlere Ortszeit.

	0—1	1—2	2—3	3—4	4—5	5—6	6—7	7—8	8—9	9—10	10—11	11—12	12—13	13—14	14—15	15—16	16—17	17—18	18—19	19—20	20—21	21—22	22—23	23—0	Monats-Mittel	Zahl der Tage
Januar	197	173	162	163	174	206	257	301	326	328	330	333	304	304	299	290	282	306	329	332	319	291	254	228	270	138
Februar	188	171	155	154	157	185	240	281	309	311	296	299	281	282	273	261	262	276	295	315	311	289	249	212	252	162
März	134	123	110	111	118	143	188	235	251	249	236	222	207	192	184	176	175	178	194	219	224	203	178	155	184	196
April	111	100	95	95	99	121	177	223	225	206	178	156	149	143	137	135	133	129	139	152	168	146	129	113	144	151
Mai	96	88	84	82	89	121	167	191	181	160	136	120	114	110	109	108	110	112	139	113	124	121	111	103	119	202
Juni	102	95	86	81	90	117	151	176	170	152	139	127	118	115	114	112	114	116	118	122	128	129	120	107	121	179
Juli	100	87	81	78	85	110	156	182	184	167	153	142	130	125	122	120	119	122	129	135	141	138	127	114	127	198
August	110	99	89	86	87	114	168	210	211	189	172	157	146	138	132	127	129	130	133	145	155	151	135	120	139	189
September	102	92	84	77	83	98	144	201	213	205	188	169	159	152	147	145	143	148	161	182	181	150	128	113	144	180
Oktober	117	103	98	97	102	122	154	201	218	205	186	162	157	157	158	155	155	161	181	196	184	159	139	121	157	167
November	150	137	124	125	136	159	197	243	265	265	250	237	218	218	215	217	220	256	292	286	269	235	197	177	212	130
Dezember	209	187	171	159	175	220	259	295	335	341	335	313	318	308	306	285	289	328	338	346	333	295	257	224	276	125
Sommer (April—September)	104	94	87	88	89	114	161	197	197	180	161	145	136	131	127	125	126	132	142	142	149	139	125	112	133	1099
Winter (Oktober—März)	166	149	137	135	144	173	216	259	286	285	275	265	248	244	239	231	231	251	272	282	273	245	212	186	225	918
Jahr	135	121	112	109	116	143	188	228	242	233	218	205	192	187	183	178	178	189	202	212	211	192	169	149	179	2017

Tabelle 3.

Mittlerer täglicher Gang 1906—1925.

Stündliche (Augenblicks-) Werte in Volt/m. Mittlere Ortszeit.

	0	1	2	3	4	5	6	7	8	9	10	11	12	13	14	15	16	17	18	19	20	21	22	23	24
Januar	213	184	165	161	167	187	228	280	317	331	329	331	324	299	302	295	286	289	318	334	328	307	274	239	213
Februar	198	178	163	152	155	167	208	263	297	314	306	294	293	278	279	267	259	267	285	305	317	303	272	230	198
März	144	127	117	108	114	128	162	211	248	253	244	229	215	199	187	180	174	176	184	205	225	218	191	166	144
April	110	107	96	94	96	107	143	202	231	219	193	166	150	146	140	135	134	131	132	145	158	159	187	121	110
Mai	99	92	85	83	84	101	142	183	192	172	148	127	115	112	109	108	109	111	112	117	117	125	117	107	99
Juni	103	99	91	83	83	101	133	165	178	163	145	133	121	115	114	113	112	115	117	120	125	129	126	114	103
Juli	107	93	83	79	80	95	130	172	187	179	159	147	136	126	123	121	119	120	125	132	138	141	134	121	107
August	114	105	94	86	86	96	137	191	217	204	180	164	151	141	135	129	127	130	131	138	150	155	145	127	114
September	107	97	88	80	78	89	116	171	215	212	198	179	162	155	149	145	144	144	158	170	185	170	137	119	107
Oktober	117	112	99	97	99	110	136	175	219	232	211	196	175	156	156	157	154	167	169	189	194	174	148	130	117
November	165	141	130	122	129	146	176	219	258	269	260	243	228	215	217	215	218	233	274	296	279	255	217	184	165
Dezember	213	199	178	164	162	193	241	278	314	344	340	327	311	315	306	299	283	308	338	342	343	318	276	240	213
Sommer (April—September)	107	99	90	84	84	98	134	181	203	191	171	153	139	133	128	125	124	125	128	136	146	147	133	118	107
Winter (Oktober—März)	175	157	142	134	138	155	192	238	275	290	282	270	258	244	241	236	229	238	261	279	281	262	230	198	175
Jahr	141	128	116	109	111	127	163	209	239	241	221	211	198	188	185	180	177	181	195	207	213	205	181	158	141

Jahre 1921 an steigt, ähnlich wie an anderen europäischen Beobachtungsorten[1]), das Potentialgefälle stark an, während die
Fleckenzahl abnimmt.

Jährlicher Gang. Wie bei allen Landstationen nördlich und
südlich eines Äquatorialgürtels von ca. 70° Breite[2]) ergibt sich
auch in München ein ausgesprochen einfacher jährlicher Gang mit
einem Maximum (Mitte Dezember) in der Nähe des Winter-
solstitiums und einem Minimum (Ende Mai) in der Nähe des
Sommersolstitiums. In Abbildung 1 (nach Tabelle 2) ist der
jährliche Gang graphisch dargestellt.

Abbildung 1.

**Jährlicher Gang des normalen luftelektrischen Potentialgefälles in
München. Mittelwerte 1906—1925.**

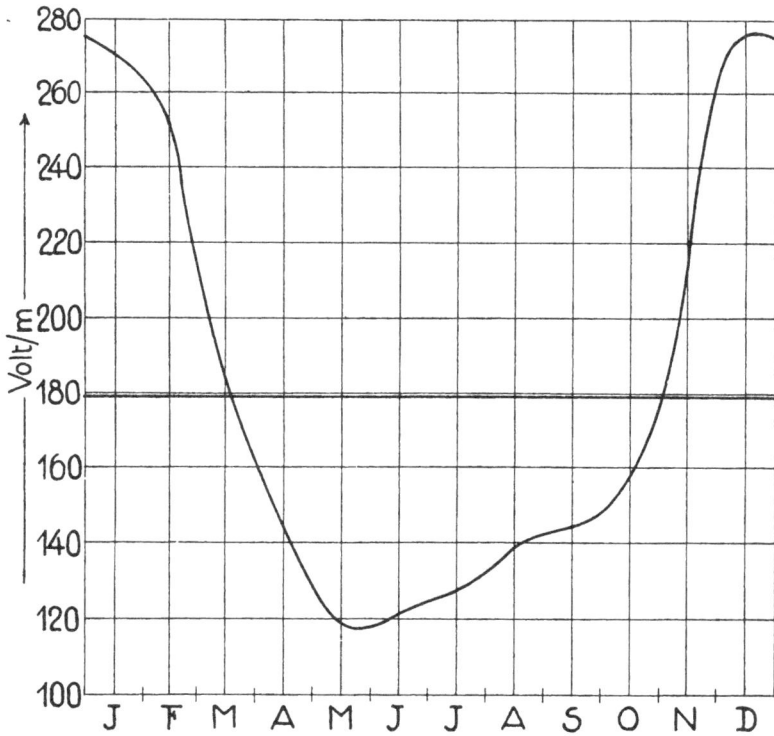

[1]) L. A. Bauer, Terr. Magnetism. and Atmosph. Electr. **29**, 166, 1924.
[2]) H. Benndorf in B. Gutenberg, Lehrbuch d. Geophysik, Berlin 1927,
S. 773.

Die mittlere Jahresamplitude beträgt 157 Volt/m, 88°/₀ des Jahresmittels.

In Tabelle 5 sind die größten und kleinsten Monatsmittel der 20jährigen Beobachtungszeit zusammengestellt, um zu zeigen, innerhalb welcher Grenzen diese Werte schwanken können.

Monatsmittel, Höchste und tiefste Werte 1906—1925.

Tabelle 5.   Volt/m.

	Jan.	Febr.	März	April	Mai	Juni	Juli	Aug.	Sept.	Okt.	Nov.	Dez.
Mittel	270	252	184	144	119	121	127	139	144	157	212	276
Max.	350	323	246	193	174	159	166	191	203	205	332	359
Jahr	1920	1924	1925	1922	1923	1921 1923	1907	1907	1925	1923	1925	1923
Min.	203	183	124	94	81	90	74	105	112	125	145	222
Jahr	1906	1907	1907	1907	1915	1906	1914	1916	1914 1915	1914	1920	1908 1911 1914
Diff.	147	140	122	99	93	69	92	86	91	80	187	137

Täglicher Gang. München gehört zu der Gruppe von Beobachtungsorten, an denen die tägliche Doppelwelle des Potentialgefälles das ganze Jahr hindurch vorherrscht, wie Abbildung 2 (nach Tabelle 3) zeigt. Das Hauptminimum tritt, wie fast allerorten, das ganze Jahr hindurch gegen 4^h morgens ein, ein sekundäres, flaches Minimum etwa um 4^h nachmittags. Die beiden Höchstwerte liegen zwischen $7^1/_2{}^h$ und $9^1/_2{}^h$ morgens, bezw. 7^h und 9^h abends. Sie verschieben sich im Laufe des Jahres innerhalb dieser Grenzen, gleichsinnig mit den Zeitpunkten des Sonnenaufganges und -Unterganges.

Die Amplitude der Tagesschwankung beträgt im Mittel 133 Volt/m, 74°/₀ des Gesamtjahresmittels.

Die langjährige Beobachtungsreihe läßt eine Darstellung des täglichen Ganges in einer Fourierschen Reihe:

$$dV/dh = a_0 + a_1 \sin(\varphi_1 + x) + a_2 \sin(\varphi_2 + 2x) + a_3 \sin(\varphi_3 + 3x)$$
$$+ a_4 \sin(\varphi_4 + 4x)$$

Abbildung 2.
Täglicher Gang des normalen luftelektrischen Potentialgefälles in München. Mittelwerte 1906—1925.

Einheit der Ordinate = 20 Volt/m.

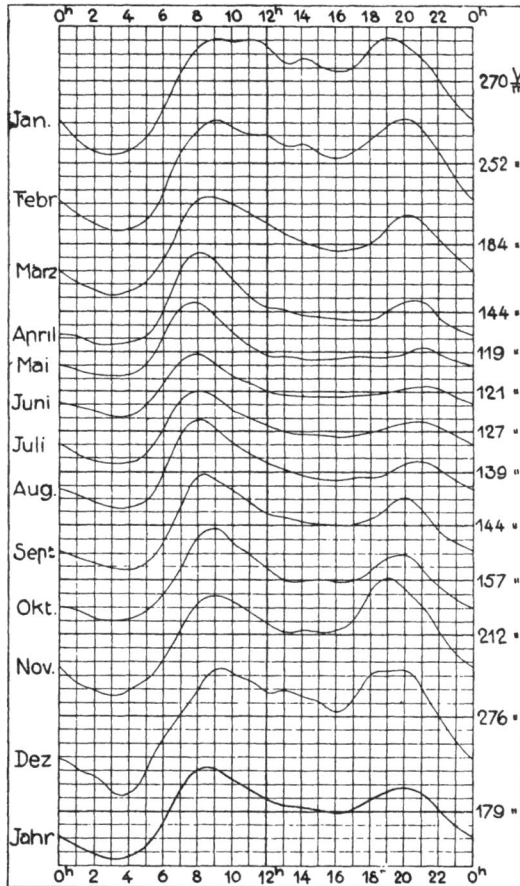

0ʰ 2 4 6 8 10 12ʰ 14 16 18 20 22 0ʰ	
Jan.	270 V/m
Febr	252 "
März	184 "
April	144 "
Mai	119 "
Juni	121 "
Juli	127 "
Aug.	139 "
Sept	144 "
Okt.	157 "
Nov.	212 "
Dez	276 "
Jahr	179 "

berechtigt erscheinen. In Tabelle 6 sind die Werte der einzelnen Reihenglieder zusammengestellt. Aus dem Amplitudenverhältnis $a_1/a_2 = 0.90$ für das Jahr ergibt sich wieder, daß München zu den Beobachtungsorten gehört, an denen die Doppelwelle vorherrscht. Vom Sommer zum Winter nimmt das Verhältnis a_1/a_2, d. h. der Einfluß der einfachen Welle zu. Ob im vorliegenden Falle der harmonischen Analyse überhaupt eine physikalische Bedeutung zukommt, ist zur Zeit noch unentschieden.

Tabelle 6. Zusammenstellung der harmonischen Konstanten.

	a_0	a_1	a_2	a_3	a_4	φ_1	φ_2	φ_3	φ_4	a_1/a_2
Jauuar	270	67,6	48,4	2,1	8,0	233°9	185°4	351°6	345°8	1,40
Februar	252	57,6	49,2	0,4	11,8	229°9	182°4	140°2	323°0	1,17
März	184	38,2	45,6	2,5	9,9	253°3	179°7	85°7	315°0	0,84
April	144	30,6	37,2	11,7	13,2	284°9	190°4	91°9	320°0	0,82
Mai -	119	22,6	28,8	14,4	7,4	304°2	200°3	107°3	341°2	0,79
Juni	121	16,8	25,5	10,9	5,9	289°8	193°6	106°3	343°5	0,66
Juli	127	21,6	31,4	10,5	6,2	273°5	188°0	107°7	335°9	0,69
August	139	26,5	36,3	12,3	9,8	278°7	184°1	98°0	328°3	0,73
September	144	36,2	39,6	7,9	13,4	251°8	185°5	50°3	319°6	0,92
Oktober	157	34,6	38,7	9.1	10,2	254°5	188°8	27°8	312°3	0,90
November	212	50,1	49,7	8,7	9,5	223°9	197°9	356°6	342°8	1,01
Dezember	276	67,8	49,3	4,9	11,1	231°0	188°4	356°9	349°4	1,37
Sommer (Apr.—Sept.)	133	24,6	33,1	10,7	9,2	277°9	189°5	97°0	329°1	0,74
Winter (Okt.—März.)	225	51,9	46,4	4,0	9,6	235°5	187°2	13°5	331°3	1,12
Jahr	179	35,8	39,7	6,0	9,5	218°8	188°3	77°9	329°6	0,90

Feinregistrierung des Potentialgefälles.

Zur Aufzeichnung rascher Schwankungen des Potentialgefälles sind weder die zur Dauerregistrierung gebräuchlichen Potentialsonden, noch ist hierzu das Quadrantelektrometer brauchbar. Einen rasch wirkenden Radiothor-Kollektor haben A. Wigand und H. Kircher[1]) angegeben. Augenblicklich stellt sich naturgemäß aber nur ein mechanischer Kollektor ein. Einen solchen habe ich schon i. J. 1913 in Verbindung mit einem photographisch registrierenden Saitenelektrometer zur Untersuchung rascher Feldänderungen verwendet. Als mechanischer Kollektor diente die bekannte Schutzringplatte nach C. T. R. Wilson, die aber nicht in horizontaler Lage, wie üblich, sondern in vertikaler gebraucht wurde. Sie war an Stelle einer Glasscheibe in ein Fenster des Beobachtungsraumes eingesetzt und durch eine elektrostatisch geschützte Leitung mit dem registrierenden Saitenelektrometer ver-

---

[1]) A. Wigand und H. Kircher, Gerlands Beitr. z. Geophysik, **17**, 379, 1927.

3*

bunden. Mit einer von innen zu bedienenden Klappe konnte die Empfangsplatte zeitweise überdeckt und gegen das Erdfeld abgeschirmt werden.

Aus Mangel an Mitteln konnte aber die nur behelfsmäßig hergestellte Meßvorrichtung nicht ausgebaut werden. Das geschieht gegenwärtig, so daß nunmehr die Untersuchungen wieder aufgenommen werden können. Über den Apparat und die damit gewonnenen Messungsergebnisse soll in einer folgenden Arbeit berichtet werden.

Über edaphisch bedingte geologische Vorgänge und Erscheinungen.

Von **Erich Kaiser**.

Mit zwei Textfiguren und sechs Abbildungen auf drei Tafeln.

Vorgelegt in der Sitzung am 4. Februar 1928.

Mehr und mehr kommt man von den verschiedensten Seiten zu der Überzeugung, daß bei der Betrachtung der exogenen geologischen Vorgänge eine klimatologische Behandlung notwendig ist, um die Vorgänge und Erscheinungen deuten und für sedimentpetrogenetische Fragen verwerten zu können. Wenn ich mit anderen mehrfach für diese klimatologische Behandlung als Grundlage der Petrogenesis terrestrer Sedimente, daneben aber auch als Hilfsmittel zur Deutung mancher Erscheinungen mariner Sedimentation eingetreten bin, so war damit auch die Verpflichtung übernommen, immer wieder auf die Erscheinungen hinzuweisen, bei denen eine klimatologische Behandlung versagt oder leicht zu Trugschlüssen führt.

Die Betrachtung der Verwitterung von geologischer Seite und die Entwickelung der Bodenkunde haben zuerst Hinweise dahin gegeben, daß innerhalb einer bestimmten Klimazone sich Erscheinungen einstellen. welche mit dem Klima des Gebietes nicht übereinstimmen. Die neuere Bodenkunde sucht alle bodenbildenden Fragen vom Standpunkte der klimatischen Bodenzonen aus zu lösen und entwirft über immer größere Räume Bodenzonenkarten kleineren und größeren Maßstabes. Daneben aber sieht man auch in den bodenkundlichen Darstellungen das Bestreben, die von dem Klima des Gebiets abweichenden Erscheinungen her-

auszuschälen. H. Stremme[1]) hat bei seiner Gliederung der Böden
nach der Horizontbildung manches hierher gehörige unter seine
A C Böden eingeordnet. Früher hatte schon Glinka[2]) endodynamo-
morphe Bodenarten abgetrennt, bei denen eine Wirkung von dem
unterlagernden Gestein erkennbar ist. R. Lang[3]) spricht direkt
von örtlichem oder edaphischem Wasser, von der Ortsbeeinflussung
der Bodenbildung, von „hypoklimatischen, edaphischen Böden."
      Von etwas anderem Gesichtspunkte war von geographischer
Seite an diese Fragen herangetreten worden, als A. Penck[4]) von
pseudoariden Gebieten sprach, während S. Passarge[5]) in seinem
für diese Fragen sehr wichtigen neueren Werke Fremdlingsformen
und Fremdlingskräfte, Jetztzeit- und Vorzeitformen usw. voneinander unterschied. H. Harrassowitz[6]) hat sich sodann eingehender mit diesen Fragen von geologischem Gesichtspunkte aus
beschäftigt. Er spricht von einer „Diaspora arider, humider und
nivaler Vorgänge in fremden Gebieten" oder einer „pseudoklimatischen Diaspora." Er faßt dabei unter diesen Begriff alle die
dem Klima des Gebietes fremdartigen Erscheinungen und Vorgänge zusammen, ohne diese noch nach ihrer Genesis voneinander
zu trennen. Ich habe schon einmal kurz darauf hingewiesen, daß
ich diesen Ausdruck der pseudoklimatischen Diaspora nicht über-
nehmen könne[7]). Ich wies in jener geologischen Zwecken dienen-

---

[1]) H. Stremme, Grundzüge der praktischen Bodenkunde. Berlin 1926. —
Über einige Systeme der natürlichen Bodeneinteilung nebst einem Vor-
schlage einer für Feldpedologen verwendbaren, Actes de la IV. Conférence
internationale de Pedologie, Rom 1924. Vol. III, 326—342, Rom 1926.

[2]) K. Glinka, Die Typen der Bodenbildung, ihre Klassifikation und
geographische Verbreitung. Berlin 1914.

[3]) R. Lang, Forstliche Standortslehre (Forstliche Geologie). Lorey's
Handbuch der Forstwissenschaft, 4. Aufl., herausgegeben von H. Weber.
Tübingen 1926, I, 213—475.

[4]) A. Penck, Versuch einer Klimaklassifikation auf physiogeographi-
scher Grundlage. Sitz.-Ber. d. Pr. Akad. d. Wiss., phys.-math. Kl. Berlin
1910, 236—246.

[5]) S. Passarge, Grundlagen der Landschaftskunde, Bd. III. Die Oberflächengestaltung der Erde. Hamburg 1920, S. 100 u. f.

[6]) H. Harrassowitz, Klima und Verwitterungsfragen. Neues Jahrb.
f. Min. usw., 1923, Beil. Bd. 47, 495—515.

[7]) E. Kaiser, Was ist eine Wüste? Mitt. d. geographischen Gesellschaft in München 1923, 16, Heft 3, S. 1—20.

den, aber mehrfach falsch aufgefaßten Studie über die Wüsten-
bildungen[1]) bereits darauf hin, daß eine große Reihe der Vorgänge und Erscheinungen, die wir in einem bestimmten Klimagebiete beobachten können, sich abhängig von dem Untergrunde
erweise. Ich betonte schon damals, daß ein großer Teil dieser
sonst als aklimatisch, pseudoklimatisch oder als pseudoklimatische
Diaspora bezeichneten Vorgänge und Erscheinungen edaphisch
bedingt sei, indem ich einen in der Pflanzengeographie benutzten
Ausdruck nun auf diese Erscheinungen anwandte. Harrassowitz
hat auch davon gesprochen, daß ein Teil der hier in Frage stehenden Erscheinungen edaphisch sei, lehnt es aber ab, die von dem
Untergrunde abhängigen, dem Gebiete fremden Erscheinungen
besonders zu bezeichnen. Ebenso geht Passarge nicht auf die
Beziehungen zum Untergrunde ein.

Bei meiner Reise 1927 nach Südafrika, welche mich dem
ganzen Reiseplane nach durch die verschiedensten Klimagebiete
Südafrikas führte, ist mir nun überall immer wieder aufgefallen,
wie außerordentlich weit verbreitet in dem ariden Gebiete Erscheinungen auftreten, die vom Untergrunde abhängig sind. Kennen
wir, wie ich nachher noch kurz andeuten werde, wohl auch im
humiden Klimareiche solche Abhängigkeit einzelner Erscheinungen
vom Untergrunde, so scheint mir doch nach meinen Beobachtungen in Südwest- und Südafrika innerhalb des ariden Gebietes dieser Einfluß des Untergrundes auf die Boden-,
Krusten- und Rindenbildung, wie überhaupt auf die chemischen Vorgänge unter und an der Oberfläche, auf die
Oberflächengestaltung, dann aber auch auf die Abtragung und damit auch auf die terrestre Sedimentation so
groß zu sein, daß wir nicht so ohne weiteres in der Geologie darüber hinweg gehen können. Denn wir treiben derartige Untersuchungen doch nicht, um nur die Erscheinungen an
der heutigen Oberfläche zu erklären und zu verstehen, sondern
um die Ergebnisse später mehr und mehr für die Paläogeographie
und die fossile Sedimentation zu verwerten. Ich sehe auch schon
Wege, wie wir derartige Untersuchungsergebnisse für die marine

---

[1]) Vgl. hierzu auch die Bemerkungen, die ich darüber vor kurzem
machte: Trans. Geol. Soc. S. Africa 1927, **30**, 122.

Sedimentation in der Nähe der alten Trockengebiete verwerten können. Wir müssen eben weiter gehen und unter den Fremdlingsformen weiter zu gliedern suchen, als es bisher geschehen ist.

Ich will an dieser Stelle aber vornehmlich zu zeigen suchen, wie ausgedehnt derartige vom Untergrunde abhängige Erscheinungen gerade im Trockengebiete Südafrikas sind, wie aber die verschiedenen Teile des Trockengebietes sich in dieser Hinsicht verschieden verhalten. Selbstverständlich kann das nur in allgemeiner Übersicht geschehen.

Es sei aber schon hier darauf hingewiesen, daß E. de Martonne bereits sagt, daß die Reliefunterschiede, welche durch die Gesteinsart und deren Lagerung bedingt seien, in den Trockengebieten viel mehr hervorzutreten scheinen als in den humiden Gebieten der Erde [1]).

I. Edaphischer Einfluss auf die Oberflächengestaltung.

1. Deflationslandschaft. Die morphologische und geologische Untersuchung der Namibwüste hatte im kleinen wie im großen gelehrt, wie weitgehend die Oberflächenformen durch den Untergrund beeinflußt sind. Das größte Beispiel hierfür liegt in der Deflationslandschaft vor, über die ich mehrfach berichtet habe [2]). Die Mulden der in einen kristallinen Untergrund eingefalteten Namaschichten sind hier durch chemische Verwitterung mit nachfolgender Deflation so herausgearbeitet, daß man direkt aus den Oberflächenformen den tektonischen Bau des Untergrundes herauslesen kann. Ohne das Auftreten der leichter angreifbaren Schichten der Namaformation wären diese eigenartigen Oberflächen-

---

[1]) E. de Martonne, Traité de Géographie Physique. Tome II, Le Relief du Sol. Paris 1926, p. 951.

[2]) Abh. d. Gießener Hochschulgesellschaft, II, 1920. — Zeitschr. d. D. geol. Gesellschaft 1920, **72**. Monatsber., S. 64 u. f. — Verh. d. 20. Deutschen Geographentages Leipzig 1921. — Verh. d. 21. Deutschen Geographentages zu Breslau 1925. — Die Diamantenwüste Südwestafrikas, Berlin 1926, Bd. II. — Sitz.-Ber. d. B. Akad. d. Wiss., Math.-naturw. Kl. 1926. — Höhenschichtenkarte der Deflationslandschaft in der Namib Südwestafrikas und ihrer Umgebung. Abh. d. B. Akad. d. Wiss., Math.-naturw. Klasse, XXX. Bd., 9. Abh., München 1926. — Mitt. d. geogr. Ges. München, **19**, 1926. — Düsseldorfer geographische Vorträge und Erörterungen. Breslau (F. Hirt) 1927, S. 68—78.

formen der Deflationslandschaft nicht entstanden. Die ja wohl klimatisch bedingten Erscheinungen der chemischen Verwitterung und der Deflation kommen erst durch den Bau des Untergrundes in der Oberflächenausbildung zur vollen Auswirkung.

2. Klinghardtgebirge[1]). Wenn ich dann in dem Klinghardtgebirge auf den Phonolithbergen eigenartige Senken beobachtete, so war hier der Einfluß des Untergrundgesteins geringer. Chemische Verwitterung hat dort von einer kleinen Senke auf der Bergspitze aus angegriffen. Deflation hat dann die Verwitterungsprodukte abgetragen und in einem Falle innerhalb des geschlossenen Phonolithes eine Senke geschaffen. Chemische Verwitterung und Deflation sind aber in anderen Fällen über das Salband des Phonolithes hinaus tätig gewesen, so daß die gebildete exzentrische Form nur einen geringeren Einfluß des Untergrundes erkennen läßt. Wohl mag die Wasserführung in dem Phonolith eine gewisse Rolle bei dieser Herausarbeitung gespielt haben. Aber eine so direkte Beziehung zu dem Untergrunde wie in der Deflationslandschaft der vorderen Namib ist bei diesen Senken auf den Bergspitzen des Klinghardtgebirges nicht festzustellen. Wenn dann neuerdings H. Reck[2]) aus meinen Beobachtungen im Klinghardtgebirge den Begriff der Deflationscalderen ableitet, so tritt in diesen das Edaphische wieder etwas mehr hervor, indem eben eine solche Abblasungscaldera sich eben nur dort entwickeln konnte, wo leicht abhebbare oder durch chemische Verwitterung in einen Zustand leichter Abhebung überführbare Gesteine in größerer Verbreitung auftreten. Diese Deflationscalderen können im ariden Gebiete am leichtesten ausgebildet werden.

3. Tafelberge der vorderen Namib. In der vorderen Namib treten viele Tafelberge auf, die oben von einer Decke von sogenanntem Pomonaquarzit gekrönt sind. Dieser Pomonaquarzit ist aus der Verkieselung einer Oberflächenkalkdecke hervorgegangen. Kennen wir wohl in der Kalahari eine flächenhaft ausgedehnte Verkieselung, so liegt doch noch kein untrüglicher Beweis für die Annahme einer einst auch über die vordere Namib ausgedehnten, flächenhaft entwickelten Verkieselungsdecke vor. Meiner

---

[1]) Vgl. Diamantenwüste, Bd. I, S. 277 u. f.

[2]) H. Reck, Deflationscalderen: Erscheint im Centralbl. f. Mineralogie usw. 1928 B 209—221, mit einem Zusatze von mir, S 221—224.

Ansicht nach spricht sogar vieles dafür, daß diese Verkieselung
auf den Tafelbergen mit ihrer Pomonaquarzitdecke gebunden ist
an alte Pfannen, und daß nur das in den Pfannen einst verkieselte
harte Gestein durch die spätere Denudation frei gelegt worden ist.
Darnach wären dann diese Tafelberge einst Senken in der alten
Landoberfläche gewesen, aber durch die edaphische Wirkung des
Untergrundgesteines zu Bergformen umgewandelt.

4. Korrasionslandschaften[1]). In den gleichmäßig ausgedehnten Dolomitgebieten der Namaformation haben sich weit
ausgedehnte Kuppenlandschaften durch die korradierende Wirkung
des Sandschliffes gebildet, die eben nur in größerer Ausdehnung
sich dort bilden konnten, wo ein leicht ausschleifbares Gestein in
größerer Ausdehnung die Oberfläche bildet. Ich denke dabei nicht
an die einzelnen, zweifellos wieder vom Untergrunde abhängigen
Windschliffe und Korrasionsformen, wie ich sie in der „Diamantenwüste“ beschrieben und abgebildet habe, sondern an die geschlossenen und größere Flächenräume umfassenden Oberflächenformen
in Kuppen und selbst Bergen. Es war keine neue Oberflächenform, die ich dort an den Dolomiten der Namaformation beobachtete. Sven Hedin hatte uns schon vorher aus dem Lob Nor
Gebiet des Tarimbeckens in seiner „Jardang“-Landschaft ganz
ähnliche Korrasionslandschaften bekannt gemacht[2]). Sie sind aber
im Lob Nor Gebiet aus tonigen Absätzen des wandernden Lob
Nor Sees ausgeschliffen worden, also aus einem noch weicheren
Material. Ich habe im vergangenen Jahre ganz ähnliche Korrasionsformen gesehen, die aus den Hochflutabsätzen des unteren
Oranje durch den Sandschliff herausgearbeitet sind. In allen diesen
Fällen würde sich keine Korrasionslandschaft entwickelt haben,
wenn nicht ein für diese Korrasionswirkung geeignetes Gestein
vorgelegen hätte. Die Jardang- und Korrasionslandschaften sind
überall edaphisch bedingt.

5. Bushveld Intrusivkörper. Morphologisch ganz besonders wertvolle Beispiele lernte ich sodann bei den Touren kennen,

[1]) Vgl. Diamantenwüste, Bd. II, S. 224 u. f., 248, 408 u. a. Stellen.
[2]) Sven Hedin, Scientific results of a journey in Central Asia 1899
—1902. Stockholm 1905, II, S. 11, 53—56, 65—69, 115, 224—231, sowie
viele andere Stellen mit vielen Abbildungen. Abbildung dieser Jardang-
Landschaft auch in E. Kayser's Allgemeiner Geologie 1921, I, S. 312.

die ich 1927 im Gebiet des Bushveld Intrusivkörpers, jenes einzig-
artigen Lopolithen [1]) Transvaals, ausführen durfte. Herr Dr. Percy
A. Wagner hat mich hierbei zeitweise geführt und zu anderen
Fahrten vielfache Ratschläge gegeben. Viele Beobachtungen sind
mit ihm besprochen worden und mannigfache Diskussionen gaben
mir so viele neue Gesichtspunkte für die weitere Forschung, daß
ich ihm für seine vielfachen Hilfen und Anregungen auch an dieser
Stelle gerne herzlichst danke.

Der westliche Teil des Bushveld Intrusivkörpers bildet
eine Fastebene, aus der nur einzelne Härtlinge herausragen, über die noch später (S. 44, 68) zu sprechen sein wird.
Das ganze Eruptivmassiv aber wird umrandet von einem fast geschlossenen scharfen Bergzuge, von welchem Abb. 4 auf Tafel II ein
Teilstück wiedergibt. Dieser randliche Höhenrücken wird gebildet
von den unter den Bushveld Intrusivkörper untersinkenden Magaliesbergquarziten des Transvaal-Systems, dem Liegenden des Lopolithen.
Schichthänge, von Magaliesbergquarziten gebildet, ziehen von
allen Seiten gegen die Fastebene des westlichen Bushveldes herunter. Wie am Süd-, so ist es auch am Nordrande,

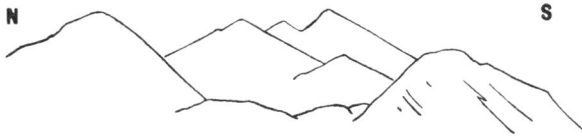

Figur 1

A b f a l l d e r Q u a r z i t e g e g e n d e n B u s h v e l d I n t r u s i v k ö r p e r n ö r d l i c h v o n
R u s t e n b u r g. Die langen Schichthänge werden von den Quarziten des Transvaal-
Systems gebildet. Rechts im Vordergrund die Lagentextur randlicher Noritberge.

dessen Verhältnisse durch die schematische Textfigur 1 angedeutet
seien. Diese Schichthänge wiederholen sich auf allen Seiten des
Intrusivkörpers oftmals hintereinander, den aufeinander folgenden
harten Quarzitbänken des Transvaal-Systems entsprechend. Mehrere
Höhenrücken verlaufen weiter außerhalb, parallel zu dem ersten,
dicht am Eruptivmassiv befindlichen. Die weiter abgelegenen
Höhenrücken entsprechen den tieferen Quarzithorizonten des Trans-

---

[1]) A. L. du Toit, The Geology of South Africa, Edinburg 1926. —
R. A. Daly and G. A. F. Molengraaff, Structural Relation of the Bush-
veld Igneous Complex. Journal of Geology, 32, 1924, 1—35. — R. A. Daly,
Our mobile Earth, New York 1926, p. 252—257.

vaal Systems. Jede einzelne harte Bank ist herauspräpariert
(Taf. II, Abb. 4). Die ganze Folge der Rücken und Bergzüge
um den Eruptivkörper herum ist ein genaues Abbild von Strati-
graphie und Tektonik des Untergrundes, der hier aus den Schichten
im Liegenden der Intrusivmasse gebildet wird. Die weit verbreiteten Schichthänge dieser Gegend sind edaphisch bedingt.

Aber innerhalb des innersten Höhenrückens ist die äußere
Noritzone im westlichen Teile des Bushveldes zu einer fastebenen
Fläche abgetragen, trotzdem innerhalb der Noritzone ganz verschieden zusammengesetzte Eruptivgesteine lagenweise miteinander
wechseln. Nur hie und da stehen vereinzelte Härtlinge, welche
dann in ihren äußeren Formen die Lagentextur (Pseudoschichtung) zeigen, die von den wechselnden anorthositischen, noritischen, peridotitischen, pyroxenitischen und anderen Lagen des
hochdifferenzierten Eruptivkörpers herrühren. Aber zwischen diesen
Härtlingen und auf weite Erstreckung außerhalb ist jede Beeinflussung der Oberflächenformen durch die hochdifferenzierten Ge-
steinslagen des Untergrundes auch völlig verwischt. Tiefgründiges
Eluvium bildet hier die Oberfläche. Nur da, wo wenige Fluß-
systeme bis in das Bushveld zurück eingeschnitten sind, da ist
die eluviale, tiefgründige Verwitterungsdecke vollständig abgetragen, so daß der frische Untergrund freigelegt ist. Eine hori-
zontale Bewegung des Schuttes ist nicht erfolgt, so daß sogar in
dem oft sehr tiefgründigen Verwitterungsschutte die Platinfüh-
rung leicht festgestellt werden kann, welche immer an bestimmte
Differentiationslagen des Intrusivkörpers geknüpft ist. Das platin-
haltige Lager ist in dem Verwitterungsschutte ohne Ortsverände-
rung liegen geblieben. Dadurch ist man dann in der Lage, den
Platinhorizont der Norite selbst in dem tiefgründigen Verwitterungsschutte meist mit erstaunlicher Genauigkeit zu erfassen und
in die Tiefe bis in das frische Gestein hinein zu verfolgen[1]).

---

[1]) Auf ganz ähnlicher Grundlage beruht auch das Auffinden von Dia-
mantröhren dort, wo eine mächtige Oberflächenkalkdecke den Untergrund
zu verschleiern scheint. Der Oberflächenkalk ist in dem Verwitterungsschutt der Diamantröhre selbst, also auch im eluvialen Schutt, abgesetzt
worden, so daß man in dem Kalk noch die Rückstände des verwitterten
Blaugrundes erkennen und daraufhin die Diamantröhre aufschließen kann.
Die Verkrustung lockert nicht, sondern verkittet den noch an Ort und Stelle
des primären Eruptivgesteines befindlichen Verwitterungsschutt.

Gerade diese Schürfungen nach dem Platinhorizonte gaben mir mannigfache wertvolle Aufschlüsse für die Untersuchung der Verwitterung unter der Fastebene des Bushveldes.

Diese Fastebene des westlichen Bushveldes geht über die verschiedensten Gesteine hinweg, auch über die Grenze der noritischen zu den höheren granitischen Gesteinen des Intrusivkörpers. Sie ist nicht rein edaphisch bedingt. Sie ist auch jetzt noch in der Weiterbildung; es liegt keine Vorzeit-, sondern eine Arbeitsform vor. Dabei werden die verschiedenen Gesteine der Noritzone zu einem gleichmäßig zusammengesetzten Endprodukte umgewandelt (klimatisch bedingte Konvergenz der Verwitterungsprodukte!). Erst bei ganz entgegengesetzten Gesteinen kommt es zum Abweichen von dieser Konvergenz der Verwitterungsprodukte.

Trotz einzelner Unterschiede kann ich doch in der Ausbildung dieser durch tiefgründige Verwitterung ausgezeichneten Fastebene des westlichen Bushveldes nur eine klimatisch bedingte Erscheinung sehen, ohne daß ich aber in der Lage bin, die so ausgezeichnete Verebnung damit ausreichend erklären zu können[1]). Auf der anderen Seite zeigen die einzelnen Härtlinge innerhalb der Noritzone und die das Eruptivmassiv umgebenden Rücken edaphisch bedingte Formen. Edaphisch bedingte Formen sehen wir dann weiter in den vielen das Gebiet durchsetzenden Syenitgängen (vgl. Abb. 1 auf Tafel II) und dann in den die Fastebene des Bushveldes überragenden Pilandsbergen (Abb. 3 auf Tafel II). Bei den letzteren aber ist auffallend, daß morphologische und geologische Grenze nicht zusammenfallen. Die klimatisch bedingte Abtragungsfläche dringt vielmehr ein Stück weit in die Pilandsberge hinein. Eine flache Verebnung vor dem höher aufragenden Härtlinge, der aus Syeniten und Phonolithen gebildet wird, wird nicht von den Gesteinen der Noritzone, sondern aus den Gesteinen der Pilandsberge selbst gebildet. Aber darüber hinaus setzt die klimatisch bedingte Stufe der Fastebene noch in Talungen in das Innere der Pilandsberge hinein fort, bei welchen Beobachtungen wir uns nicht durch die hie und da tiefer eingeschnittenen Erosionsrinnen täuschen lassen dürfen.

Die klimatisch bedingten Formen suchen also hier die edaphisch bedingten wieder zu zerstören. Das ist die

---

[1]) Vgl. hiezu den Nachtrag auf S. 68.

nicht überraschende Erscheinung in einem Übergangsgebiet, auf
die ich nachher noch einmal zurückkomme.

Gehen wir nun aber in das östliche Bushveld hinüber,
so kommen wir in ein Gebiet, in welchem die nach der Ostküste Südafrikas ständig abfließenden Flüsse sich tief in den
Bushveld-Intrusivkörper rückwärts eingeschnitten haben. Verwitterung der Norite können wir wohl noch sehen, aber nicht
in der gleichen Mächtigkeit wie im westlichen Bushveld. Die
typischen Verwitterungsprodukte des westlichen Bushveld, wie
„black turf" und „red soil" treten auch noch auf, meist aber auf
kolluvialer Lagerstätte am Berghange oder völlig in die Talsohle,
das Alluvium, abgeschwemmt. Aber doch hat auch hier noch die
Abtragung Formen herausgearbeitet, welche durch eine nor-
male Schichtung der Sedimente oder durch die Differentiationslagen in den Noriten zu einer flächenhaften Abtragungsform hin-
neigen (vgl. Taf. I, Abb. 2). Die Täler sind bei dem immer mehr
oder weniger starken Fallen dieser Texturlagen immer asymmetrisch.
Auf der einen Seite herrschen Schichthänge vor (Taf. I, Abb. 2),
wenn wir hier den Ausdruck Schicht auch auf die einzelnen Lagen
der differenzierten Norite anwenden. Die andere Talseite zeigt ganz
andere steilere Formen, die quer zu den Noritlagen stehen. Vielfache einzelne Stufen am Gehänge aber lehren, daß auch hier noch
der edaphische Einfluß des einzelnen Gesteins zur Geltung kommt.

Ich glaube, daß wenn einmal die verschiedenen Verwitterungsprodukte aus den eben berührten beiden Teilen des Bushveldes
miteinander verglichen werden können, sich ein allmählicher Über-
gang gerade in dem wild zerschnittenen Bergland des östlichen
Bushveldes zu den nun einheitlicheren Bildungen am und vor dem
großen Steilrand weiter im Osten zeigen wird.

6. Ostabfall des südafrikanischen Blockes. Wenn wir
nun über den Ostrand des Bushveld-Intrusivkörpers hinweg durch
die zunächst steil unter den Lopolithen einsinkenden und dann
immer flacher lagernden Schichten des Transvaal-Systems an den
Rand des großen Steilabfalls kommen, dann ist wohl noch in der
steilen Böschung eine Beeinflussung durch die harten Quarzit-
bänke erkennbar, wie z. B. am Devils Kantoor (Teufelskanzel)
bei Kaapsche Hoop, an dem 1300 m relative Höhe erreichenden
Steilabsturz der Drakensberge Natals, wo die Diabaslaven mor-

phologisch hervortreten, usw. Auch noch am Fuße des großen Steilabfalls zeigen die über 800 km langen Lebomboketten die Herauspräparierung einzelner Lavabänke. Aber doch ist nun an diesem Abhange überall wieder das Auftreten einer Anzahl von Verebnungsflächen kenntlich in den Stufen einer Piedmonttreppe (im Sinne von W. Penck)[1]. Diese einzelnen Stufen sind dem großen Steilabfall vorgelagert und entsprechen den Stillstandslagen während der Emporhebung des südafrikanischen Blockes. Es sind von der jeweiligen Küstenlinie aus in das Land zurückgreifende Abtragungsflächen, die nun über die verschiedensten Gesteine hinweggreifen und höchstens in den Kleinformen noch eine edaphische Wirkung erkennen lassen. Ganz wie es W. Penck in seinem nachgelassenen schönen Werke[1] zeigte, sind die höchsten Stufen auch hier die ältesten. Ich glaube, daß sich bei der späteren Einzeluntersuchung dieser Stufen ein hohes, tertiäres, wenn nicht kretazisches Alter wird nachweisen lassen.

Diese Stufen am Rande des südafrikanischen Blockes sind auch schon mehrfach aufgefallen. A. W. Rogers[2] meint, daß Anzeichen für mehrfaches Einschneiden von derartigen Verebnungsflächen namentlich im Süden nachzuweisen seien. Er spricht auch von der langen Dauer dieser Aufwärtsbewegung des südafrikanischen Blockes. Auch für ihn liegt der Beginn der Ausgestaltung dieser morphologischen Gestaltung in spätkretazischer Zeit. A. L. du Toit bespricht noch eingehender besonders eine tertiäre „peneplain", die an der Südküste festgestellt ist. Sie fällt unter eocäne, bzw. oligocäne marine Schichten und kann damit ihrem Alter nach festgelegt werden[3].

Ich habe derartige Stufen sehr schön zwischen Pietermaritzburg und Durban in Natal in dem Gebiet des „Valley of a thousand Hills" gesehen (vgl. Taf. 3, Abb. 6), wo in der durch junge Erosion wild zerschnittenen „bad land" Landschaft die Höhen der einzelnen auftretenden Riedel mehrfache derartige alte Verebnungen erkennen lassen[4]. Ein anderes sehr schönes Beispiel trat mir in

---

[1] W. Penck, Morphologische Analyse. Stuttgart 1924.

[2] A. W. Rogers, Origin of the Great Escarpement, Proc. ot the geol. soc. of S.-Africa 1920, XXV—XXXIII.

[3] A. L. du Toit, The Geology of South Africa, 1926, 363 u. f.

[4] Sicher können derartige Verebnungen, die sich durch gleiche Höhe der

dem Tale des Godwan River im östlichen Transvaal entgegen. Hier
ziehen die einzelnen Verebnungsflächen, die Stufen der Piedmonttreppe von W. Penck, in eine uralte Talung hinein, die sich in den
Steilabfall rückwärts eingeschnitten hatte (vgl. Taf. 3, Abb. 5). Wer
in den Stufen am Godwan River alte Erosionsterrassen mit Geröllen zu
finden glaubt, der wird enttäuscht sein, da wir in diesen Stufen nur
die Verebnungsflächen der aufeinander folgenden Stillstandslagen der
Hebung Südafrikas, eben Piedmontstufen im Sinne von W. Penck
vor uns haben. Das schließt aber nicht aus, daß gelegentlich alte
Abtragungsrelikte in Form von Geröllagern zu verzeichnen sind.

Aber auch an der Westküste Südafrikas sehen wir den
gleichen treppenartigen Aufbau[1]). Hier ist die Zerschneidung
durch jüngere Talbildungen und ein Rückgreifen der jüngeren
Stufen in die älteren hinein nicht so intensiv, wie an der Ostküste.
Die einzelnen Treppenstufen am westlichen Steilabfall stellen, wie
ich bereits früher schilderte, alte terrestre Abtragungsflächen dar,
die dort nicht durch die heutigen klimatischen Verhältnisse bedingt sein können, sondern sicher als Vorzeitformen aufzufassen
sind. Beeinflussung durch die Stillstandslagen in der Emporhebung
des südafrikanischen Blocks ist hier deutlich festzulegen, ja wir
müssen hier sogar für eine der tieferen Stufen schon prämittel-
eocänes Alter annehmen, da diese Stufe bereits durch die fossil-
führenden eocänen Schichten angeschnitten ist.

Ich mußte hier diese klimatisch bedingten Formen gesondert
besprechen, um sie den edaphisch bedingten gegenüber zu stellen.

7. Normal arides Gebiet. Wenn wir von der westlichen
Küstenabdachung, von der Namib aus nach dem Westrand der
innerafrikanischen Hochfläche hinaufsteigen, so kommen wir durch
ein Gebiet, das, entgegen der starken Abtragung auf der Ostseite,
durch starke Schuttanhäufung meist fluvio-arider[2]), seltener fluviatiler Art gekennzeichnet ist. Wir treten dann auf die Hochfläche
und sehen dort in den zahlreichen intermontanen, nur zum Teil
abflußlosen Senken eine starke Schuttanhäufung bis zur völligen
Zuschüttung derselben. Auch hier bilden sich Fastebenen aus und
die Zuführung durch die vielen einzelnen Schuttkegel, die von

---

Riedel zwischen den vielen einzelnen Erosionsrinnen kenntlich machen, auch
einmal edaphisch durch besonders widerstandsfähige Schichten bedingt sein.

[1]) Diamantenwüste, II, 426 u. f.   [2]) Diamantenwüste, II, 318.

den benachbarten Bergen herunter kommen, ist kaum noch in einer ganz flachen Böschung erkennbar. Aber diese Fastebenen sind ganz anderer Entstehung als die bereits besprochene Fastebene in dem Bushveld Transvaals. War letztere Form im wesentlichen durch rein chemische, aber tiefgründige Verwitterung entstanden, so sind die Senken in dem Gebiete weiter im Westen typische Aufschüttungsgebiete. Im Bushveld stellen sich, abgesehen von den Rändern, ebenso wenig starke Abtragung, wie starke Auflagerung ein. In den weiter westlich gelegenen Senken aber ist die Aufschüttung zum Teil ganz gewaltig. Selbst in der Nähe der großen Flußläufe, welche als Fremdlinge die Landschaft durchziehen (Oranje, Kuiseb, Swakop, Kunene usw.), welche entweder dauernd, periodisch oder episodisch allen zugeführten Schutt abtransportieren könnten, ist überall die starke Schuttzufuhr bis in die Nähe der Talsohle festzustellen. Immer wieder begegnen wir den großen eingedeckten Hohlformen[1]), deren Auffüllung bis zum „Ertrinken" der Bergformen im eigenen oder von seitwärts zugeführten Schutte geht.

Hier treten die edaphischen Einwirkungen zurück, sind aber immerhin noch zu beobachten. Klimatisch bedingte Eindeckung herrscht vor. Abtragung ist an den Randbergen der Senken zu beobachten.

8. Kalahari. Die so oft fälschlich als Wüste bezeichnete Kalahari bietet uns nun eine ganz große Eindeckung normal ariden Gebiets. Es ist ein typisches Steppengebiet. Ein großer Teil ist sogar dauernd bzw. periodisch bewässert. Nur kleinere Teile erhalten nur episodisch geringen Niederschlag. Würden die mächtigen Anhäufungen von grobem Flugsand nicht alles auffallende Wasser nach einem sicher vorhandenen, aber tief liegenden Grundwasserspiegel abführen, so würde schon jetzt dies Gebiet in intensiver Kultur sein. Einzelne Teile haben ein durch das Auftreten von Wanderdünen welliges Gelände. Ich habe diese Gebiete leider nicht durchqueren können. Aber nach den vorliegenden Schilderungen ist ein großer Teil dieser Wanderdünen durch Vegetation festgelegt.

In dem westlich von Kanya gelegenen Teile, wo mir dann

---

[1]) Vgl. das schematische Bild Fig. 84 in: Diamantenwüste II, 401.

allerdings ein Motorwagen-Unfall ein weiteres Eindringen unmöglich machte, ist eine völlig ebene Eindeckung durch Flugsand festzustellen. Wir sind hier in einem großen Aufschüttungsgebiet, dessen Oberflächenformen allein durch die klimatisch bedingte Sedimentation hervorgerufen werden. Edaphisch bedingte größere morphologische Formen treten ganz zurück. Ich glaube auch nicht, daß sie etwa in den anderen mir durch persönlichen Augenschein nicht bekannten Teilen vorhanden sind. Wasserführung und chemische Vorgänge sind in einem großen Teile der Kalahari edaphisch durch die großen Sandablagerungen beeinflußt.

II. Edaphisch bedingte chemische Vorgänge.

Manche hierhin zu rechnende Erscheinungen sind bereits berührt worden bei der Besprechung der Entstehung der morphologischen Formen, so daß ich darauf nur zurückzuverweisen habe.

1. Extrem arides Gebiet. Viele Darsteller des Wüstenbildes geben an, daß die Wüste das Gebiet intensiver Verkrustungen sei. Dem gegenüber habe ich bereits früher darauf hingewiesen, daß wir die Rinden- und Krustenbildungen in der Wüste, wenigstens zunächst in der Namib, nur hie und da, zuweilen sogar nur gelegentlich sehen. Dabei wechselt die Zusammensetzung der Krusten ständig. Hier treten Kalk-, dort Gips-, dann Eisenvitriol-, dann verschiedenartige bunt gefärbte, weiter auch Natriumchlorid-Krusten auf. An einigen Stellen, zuweilen sogar flächenhaft, sind die Kalkkrusten verkieselt. Zwischen den Gebieten mit diesen Krusten liegen weite Striche, an denen der feste Fels zu Tage tritt und zudem nichts von einer Verwitterung zeigt[1]). Soweit es sich nicht um durch den Flugsand zugeführte Meeressalze handelt, können wir leicht feststellen, daß in der Krustenbildung überall der Einfluß durch den Untergrund hervortritt. Das an der Oberfläche in der Kruste ausgeschiedene Salz ist meist aus dem darunter liegenden Gestein herausgelaugt worden. Die Kruste ist eben edaphisch bedingt. Hie und da sehen wir ein auch anderwärts beobachtetes Übergreifen aus dem Gestein der Auslaugung auf das Gestein der Nachbarschaft hinüber, auf welche Erscheinung ich später noch einmal zurückkomme (vgl. S. 53/4).

---

[1]) Diamantenwüste, II, 302 u. f.

. Die großen Kalksinter- und Kalkonyxmassen der vorderen Namib sind an die Austrittstellen von Grundwasser und Grundfeuchtigkeit geknüpft[1]). Da die geringe Wasserführung in den Untergrundgesteinen hier noch viel schärfer als im humiden Gebiete die Abhängigkeit von dem Porenvolumen und der Klüftigkeit der Gesteine zeigt, so ist auch hier bei den großen Sinter- und Onyxmassen eine Beziehung engster Art zum Untergrunde vorhanden.

Wo Eisenverbindungen im Untergrunde fehlen, da kann es auch nicht zur Ausbildung von Eisenkrusten in der Form des sogenannten „Wüstenlack" kommen. Diese Bildung von Wüstenlack ist keine typische Erscheinung des trockensten Teiles des ariden Gebietes. Wir sehen sie, wenigstens in Südafrika, erst besser ausgebildet, wenn wir in häufiger durchfeuchtetes Gebiet kommen. Aber gelegentlich sind doch auch in der Namib einige beschränkte Gesteinsausstriche vorhanden, an denen eine wie poliert aussehende Rinde, dem Wüstenlack ähnlich, zu finden ist[2]). Bei dem sonstigen Fehlen von Wüstenlack können diese beschränkten Stellen von Lack nur als edaphisch aufgefaßt werden.

Eine auch edaphisch zu deutende Erscheinung zeigt sich in der stellenweise tiefgründigen Verwitterung einzelner Eruptivgänge in der vorderen Namib[3]). Wenn derartige Gänge in den auch hier nahezu wasserundurchlässigen Gneisen und Graniten aufsetzen, dann sind sie zumeist völlig frisch oder zeigen nur eine ganz geringmächtige Verwitterungsrinde. Wenn aber diese Gänge in einem für Wasser durchlässigen Nebengesteine aufsetzen, dann ist, trotz der geringen Menge des Senkwassers bei den nur episodischen Niederschlägen, das Ganggestein auch tiefgründig verwittert. Es ist dies dann ein Übergreifen der Wirkung des Wassers in dem Nachbargestein auf den Gang. Aber die tonigen, bzw. kaolinartigen Verwitterungsprodukte sind dann doch edaphisch, direkt vom auftretenden Gesteine abhängig. Das nicht seltene Auftreten von Gipsausscheidungen an den verwitterten Gängen ist ebenfalls edaphisch durch den Gang bedingt.

---

[1]) E. Kaiser und W. Beetz, Die Wassererschließung in der südlichen Namib Südwestafrikas, Zeitschrift f. praktische Geologie, 1919, **27**, S. 165 bis 178, 183—198. — Diamantenwüste II, 169 u. f.

[2]) Diamantenwüste II, 301/2.

[3]) Diamantenwüste I, 236/7, II, 284.

Edaphisch bedingt sind die meisten Bröckellöcher, viele Pilz-
felsen, die zum Teil nur besondere Arten von Krusten und Rinden
darstellen.

Es möge genügen, auf diese edaphisch bedingten chemischen
Erscheinungen des extrem ariden Gebietes in der Namib Südwestafrikas hingewiesen zu haben. Es ließen sich dazu noch viele
weitere Beispiele hinzufügen.

Bereits früher[1]) habe ich mich dahin ausgesprochen, daß „die
Wanderung der Kieselsäure und die davon abhängigen Neubil-
dungen zu den wichtigsten Erscheinungen des Wüstenbildes ge-
hören." Aus dem Auffinden noch schleimiger Kieselsäuregele in
den Drusenräumen eines verwitternden Gneises bei der Prinzen-
bucht schloß ich, daß die wandernde Kieselsäure aus heute noch
fortschreitender Verwitterung hervorgehe. Da nun fast alle Gesteine der Namib mehr oder weniger verkieselt auftreten, so könnte
man zu dem Gedanken kommen, daß es sich bei der Wanderung
und Wiederausscheidung der Kieselsäure nur um ganz allgemein
klimatisch bedingte Vorgänge handle, und daß keine edaphischen
Wirkungen zu beobachten seien. Dem ist aber nicht so. Denn
erstens kann Kieselsäure nur dann wandern, wenn Gesteine vorliegen, die bei dem Angriff des Wassers eben Kieselsäuresole liefern.
Und weiter tritt eine Ausscheidung der Kieselsäure in bevorzugter
Weise an ganz bestimmten Gesteinsgrenzen auf. Die Verkiese-
lungen treten[2]) „an der Grenze der verschiedensten Gesteine gegen
ein anderes Medium auf, wobei dies auch die Atmosphäre sein
kann, eben an den Inhomogenitätsflächen von Storz[3])."

Verkieselungszonen zeigen sich vornehmlich an der Grenze
zweier, das Wasser verschiedenartig durchlassender Gesteine und
dann ganz besonders mächtig entwickelt, wenn Karbonatgesteine
an ein für Wasser undurchlässiges Gestein anstoßen. Wenn auch
die Verkieselung in der vorderen Namib in erster Linie klimatisch bedingt ist, so sehen wir in der Art des Auftretens im einzelnen die Einwirkung des Untergrundes ganz besonders deutlich,
also wiederum eine edaphische Beeinflussung zusammen mit einer
allgemeineren klimatischen Herleitung.

---

[1]) Diamantenwüste, II, 294 u. f.
[2]) Diamantenwüste, II, 295.
[3]) Diamantenwüste, II, 256.

Wie nun zu dieser Verkieselung in der vorderen Namib sich die weit verbreitete Verkieselung an der Basis der Kalahari-Schichten, die zuerst S. Passarge feststellte, verhält, das bedarf noch besonderer Untersuchungen, über die ich bald hoffe berichten zu können.

Je weiter wir in dem extrem-ariden Gebiet der vorderen Namib gegen das normal-aride Gebiet vordringen, um so reichlicher werden die Rinden auf den einzelnen Gesteinen. Dort ist auch das Gebiet der schönsten Bröckellöcher, der Rinden und Krusten, auch des Wüstenlacks[1]). Dort finden wir dann auch die geschlosseneren Kalkdecken, die in das normal-aride Gebiet hinüber ziehen.

2. Normal-arides Gebiet. Je intensiver die auf S. 48/49 besprochene intensive Aufschüttung innerhalb des normal-ariden Gebietes ist, um so weniger können einzelne edaphische Wirkungen festgestellt werden. Die ganze Fläche wird in gleicher Weise von den klimatischen Vorgängen betroffen, und eine Einwirkung des einzelnen Gesteins kann nur in selteneren Fällen erfolgen. Erst dort, wo Felsen aus den großen Eindeckungen hervortreten, sehen wir, wie im einzelnen der Untergrund die Oberflächenbildungen beeinflußt.

In einem typisch normal-ariden Gebiet fand ich eine ganz eigenartige, an den Untergrund geknüpfte Oberflächenerscheinung. Bei Postmasburg in Griqualand West, etwa 180 km west-nordwestlich von Kimberley sind im letzten Jahrzehnt sehr große Manganerzlagerstätten aufgedeckt worden[2]). Die Oberfläche der zu Tage ausstreichenden Manganerze ist mit einer eigenartigen Politur bedeckt, so daß die Ausbisse wie mit einem Lack überzogen erscheinen. Es ist eine typische Rindenbildung, bedingt durch die Ausschwitzung der aus dem Untergrund, eben dem Manganerzlager, nach oben gebrachten Lösungen. Das auch in

---

[1]) Man wolle beachten, daß nicht alle Gesteine, welche eine wie lackiert aussehende Oberfläche haben, als mit Wüstenlack überzogen aufgefaßt werden dürfen. Der Windschliff, die Korrasionswirkung der zahlreichen vom Wind bewegten Sandkörner, ruft eine sehr gute Politur hervor, die einen Wüstenlack vortäuschen kann. (Vgl. Diamantenwüste, II, 301).

[2]) A. L. Hall, The Manganese Deposits near Postmasburg, West of Kimberley, Trans. Geol. Soc. South Africa 1926, 29, 17—46.

diesem Gebiet in den Untergrund eindringende, wieder aufsteigende und verdunstende Niederschlagswasser bringt hier eine gewisse Summe von Manganoxyden an die Oberfläche und überrindet den ganzen Gesteinsausbiß. Diese Überrindung ist eine edaphisch bedingte Erscheinung. Die Manganerze sind verknüpft mit Roteisenerzlagern, die eine ähnliche Oberflächenpolitur zeigen, welche sich aber schon in der Farbe deutlich von der Rinde auf den Manganerzen unterscheidet. Daß es sich bei diesen Mangan- und Eisenrinden um noch heute fortschreitende Erscheinungen handelt, zeigt sich darin, daß am Abhang unterhalb der Erzausstriche liegende Quarzitblöcke die gleiche Überrindung durch Mangan- oder Eisenerz aufweisen. Hier ist die edaphisch bedingte Krustenbildung nicht auf das die Lösung liefernde Gestein beschränkt, sondern geht auf das Nachbargestein über. Es ist ein schirm- oder pilzartiges Übergreifen edaphischer Vorgänge auf die Nachbarschaft.

War vorher bei der Besprechung der chemischen Vorgänge im extrem-ariden Gebiet die Kalksinter- und Kalkkrustenbildung als eine dort edaphisch auftretende Erscheinung besprochen worden, so wurde auch schon erwähnt, daß innerhalb des extremariden Gebietes der Namib eine geschlossenere Kalkkruste sich erst gegen das normal-aride Gebiet hin einstellt, die weit bis in dieses hinüber zieht. Dort ist dann das Gebiet der weit verbreiteten Oberflächenkalkkrusten, die in weicher, dann immer härterer Verkittung die obersten Bodenzonen bilden und dort den durch andere Vorgänge gelockerten Schutt verfestigen[1]). Je weiter wir aber durch das normal-aride Gebiet hindurchwandern, umsomehr nimmt mit zunehmendem Regenfall die Menge der Kalkkrusten wieder ab und tritt dann nachher, auf der anderen Seite der geschlosseneren Verbreitung, nur wieder örtlich beschränkt, edaphisch bedingt, auf.

Wir sehen aus diesem einen Beispiel schon, wie in dem Optimum der Entwicklung ein bestimmter chemischer Vorgang klimatisch bedingt sein muß, dann aber auf beiden Seiten dieser geschlossenen Verbreitung, also in den Gebieten geringeren oder größeren Niederschlags, nur örtlich auftritt. Es wäre sehr wichtig, einmal dieses Optimum feststellen zu können,

---

[1]) Vgl. hierzu Anmerkung 1 auf Seite 44.

vielleicht sogar ziffernmäßig die Höhe des Niederschlags festzulegen, welcher zur Oberflächenkalkbildung notwendig ist. In
unserem Beispiel löst sich eine weiter verbreitete, klimatisch bedingte Erscheinung auf beiden Seiten in einzelne,
nur an örtlich begrenzten Stellen auftretende Erscheinungen auf. Das sporadisch vereinzelte Auftreten kann dann
durch die örtliche Lage zu den Niederschlägen (die „Ortslage"
der Bodenkunde), aber noch viel mehr durch die Wasserbewegung
im Untergrunde und damit edaphisch bedingt sein. Selbstverständlich sehe ich dabei von den Fällen ab, wo durch Ver-
schiebung der Klimazonen örtliches Auftreten von Kalksintern
durch ein früheres, anderes Klima, also durch eine Vorzeit-
erscheinung, bedingt ist. Ich schließe also Vorzeitformen aus, die
sicherlich auftreten. Ist die vorhergehende Angabe über die Auf-
lösung der geschlossenen Kalkdecken schon rein deduktiv ableit-
bar, so läßt sie sich auch durch die örtliche Beobachtung als
richtig nachweisen.

In einem großen Teile des normal-ariden Gebietes zeigen die
dolomitischen Gesteine, besonders des Nama-Transvaal-Systems,
eine weiter verbreitete, äußerlich stumpf erscheinende Oberfläche,
welche vielfach gefurcht und gerunzelt ist und zwischen diesen
Vertiefungen mannigfach gestaltete, kleinere und größere Löcher
aufweist. Diese eigenartigen gerunzelten Oberflächen werden von
den Buren im Vergleich mit der Elefantenhaut „Olifant Klip"
(Elefantenstein) bezeichnet. Der Vergleich ist treffend. Die Oberfläche ist oft braun gefärbt. Die Oberflächenfarbe geht oft bis
ins schokolade-braun über, welche Farbe durch die Oxydation
kleiner Mengen von Mangan- und Eisenverbindungen in dem Dolo-
mit hervorgerufen wird. An einzelnen Stellen bildet sich auf der
Oberfläche der Dolomite ein mehr oder weniger mächtiger Ver-
witterungsrückstand von Manganoxydknollen, Knoten und Knöll-
chen, die sogar zeitweise ausgebeutet wurden. Pyrolusit und Wad
treten nicht selten auf Klüften und in Hohlräumen auf[1]). Daß
es sich bei diesen Manganoxydausscheidungen an der Oberfläche
um einen noch heute fortschreitenden Vorgang handelt, geht daraus hervor, daß man derartige Manganüberzüge auch sehr gut

---

[1]) Vgl. auch: du Toit, The Geology of South Africa, Seite 89, 385
und 411.

sieht in den jungen Regenrunsen und in den Wagenspuren der heute verlassenen Wege. Manganoxyde werden dort heute noch an der Oberfläche abgesetzt. Namentlich im westlichen Transvaal sind derartige Erscheinungen recht häufig. Ich habe aber ähnliche Manganoxydhäute, -Krusten und -Konkretionen auf den gleichen Dolomiten des extrem-ariden Gebietes der Namib nur sehr selten und nur örtlich beschränkt aufgefunden. In ganz ähnlicher Weise wie bei der Oberflächenkalkbildung haben wir ein **geschlossenes Gebiet intensiverer Manganoxydrindenbildung**, dieses sicher wiederum **klimatisch bedingt**, aber **auf beiden Seiten wiederum das sporadische Auftreten der Manganoxyde** an örtlich begrenzten Stellen, eben wieder **edaphisch durch besondere Wasserführung bedingt**. Die Gebiete klimatisch bedingter großer Oberflächenbildungen von Kalkkrusten und Manganoxydausscheidungen scheinen nahezu zusammen zu fallen.

3. Semi-arides Gebiet. Je weiter wir nun in das Gebiet stärkerer Niederschläge und vor allem in das Gebiet gleichmäßiger Verteilung der Niederschläge über das ganze Jahr kommen, um so mehr sehen wir, wie alle Verwitterungserscheinungen immer gleichmäßiger gestalteten Endprodukten zustreben, eine Konvergenz in dem chemischen und physikalischen Verhalten der Endprodukte zeigen. Die chemischen Verhältnisse an der Oberfläche werden dort immer vereinzelter noch an besonders klüftigen oder dichten Gesteinen von dem Untergrund beeinflußt. Wir kommen allmählich in die Klimazone, die uns schon früher in Bezug auf die Verwitterung als so besonders einheitlich geschildert worden ist.

III. Bodenbildung.

Die chemische Beeinflussung der Oberfläche habe ich besonders abgetrennt, weil eben die auf den festen Felsen sich zeigenden chemischen Erscheinungen gewöhnlich bei der bodenkundlichen Betrachtung außer Acht gelassen werden, trotzdem eigentlich alle diese Fragen zusammen behandelt werden sollten.

Die Untersuchung der edaphischen Beeinflussung der Bodenbildung ist erst in den Anfängen, soweit ich die mir schwerer zugängliche Literatur übersehen kann; aber Andeutungen für edaphisch bedingte Böden liegen bereits vor.

Jedenfalls aber zeigen uns die schon auf S. 43—48 wiedergegebenen Beobachtungen über eine an ein bestimmtes Gestein gebundene Bodenbildung, daß auch hier edaphische Einwirkungen vorliegen. Der „black turf" tritt auf den basischen Eruptivgesteinen auf, z. B. auf den Noriten des Bushveldes, den Ventersdorp-Diabaslaven, auf Karroo-„Doleriten" (Diabasen) und ähnlichen Gesteinen, während der „red soil" auf die sauren Eruptiva beschränkt ist. Die Böden in extrem-ariden Gebieten sind vornehmlich rein physikalische Schuttböden, abgesehen von einzelnen Stellen, wo eine sogar tiefgründige Aufschließung der Eruptiva erfolgt. Die Höhenzüge zwischen den Aufschüttungs- und Deflationssenken zeigen uns die Bedeutung des eluvialen, damit edaphisch bedingten Schuttes. Hier ist die edaphische Wirkung bei der Bodenbildung ganz besonders deutlich.

Im normal-ariden Gebiet zeigen die Hänge der einzelnen Härtlinge, Insel- und Zeugenberge oft große Mengen edaphisch bedingten Schuttes. In den zwischenliegenden Senken haben wir entweder reine Aufschüttung oder wie in dem Bushveld tiefgründige, chemische Verwitterung, oft ohne Zeichen der Beeinflussung vom Untergrunde her.

Ich beschränke mich auf diese wenigen Andeutungen, um der gerade in Angriff genommenen Untersuchung mitgebrachter Bodenproben nicht vorzugreifen.

IV. Unterirdisches Wasser.

Die verschiedensten, im Vorhergehenden besprochenen Erscheinungen sind in ihrer Bildung auf die Bewegung des Senkwassers im Untergrunde zurückgeführt worden. Die Krusten- und Rindenbildung ist nur denkbar, wenn ein Teil des Wassers in den Untergrund eindringen, wieder aufsteigen und an der Oberfläche die in der Tiefe gelösten Bestandteile wieder absetzen kann. Die chemische Verwitterung ist abhängig von der Wasserbewegung im Untergrunde. Stellten wir in den Restprodukten der Verwitterung und in den Oberflächenformen vom Untergrundgestein abhängige Oberflächenerscheinungen fest, so waren diese auch abhängig von dem unterirdischen Wasser.

Nach einem Grundwasserspiegel absinkendes Senkwasser tritt auch in den niederschlagsärmsten Teilen des ariden Gebietes

dann auf, wenn die episodischen, aber oft katastrophalen Niederschläge herunter kommen. Es kann sich aber nur dort ausbilden,
wo die Klüftung des Untergrundgesteins ein rasches Eindringen
eines Wasserüberschusses in den Untergrund ermöglicht. Somit
werden die schwerdurchlässigen Gesteine nur sehr wenig oder gar
kein Senkwasser zeigen, während die stark klüftigen Gesteine
einen sehr wichtigen, weit verbreiteten, aber oft sehr tief liegenden Grundwasserspiegel aufweisen. Dieser konnte sogar in dem
trockensten Teile der Namib noch nutzbar gemacht werden[1]).
Grundwasser ist also auch noch in der reinen Wüste nachzuweisen. Aber es ist an klüftige Gesteine gebunden, in welchen
ein Niederschlagsüberfluß bei den seltenen, aber dann oft starken
Regen rasch dem kapillaren Wiederaufstieg und dem Einfluß der
Verdunstung an der Oberfläche entzogen werden kann. Äußerlich ist dieser Einsickerungsbetrag durch die Feuchtigkeitshorizonte
und die Brackwasseraustritte gekennzeichnet.

Ist damit diese Grundwasserbildung schon geknüpft an die
Gesteinsverhältnisse und deren Lagerung, so sehen wir noch eine
weitergehende, edaphische Einwirkung bei Sanden, die als Flug-
sandablagerungen nicht nur in dem extrem-ariden Gebiete, sondern auch in anderen Teilen des ariden Klimareiches große, flächenhafte Verbreitung haben[2]). Diese feinkörnigen Flugsande können,
worauf S. Passarge zuerst aufmerksam machte, eine große Menge
eingedrungenen Niederschlags aufspeichern. Dieser wird in den
mächtigeren Flugsanden so festgehalten, daß er in ihnen sozu-
sagen hängt, weder nach unten, noch nach oben eine für Wasser
undurchlässige Grenze zeigt. W. Beetz hat vorgeschlagen, dieses
hängende Bodenwasser in den lockeren Flugsanden im Anschluß
an S. Passarge[3]) als Grundfeuchtigkeit[4]) zu bezeichnen.
Diese Grundfeuchtigkeit ist ganz typisch edaphisch bedingt.
Sie wird in den lockeren Flugsanden auch bei den stärkeren,
episodischen Niederschlägen nicht an eine tiefere Schicht als Senkwasser abgegeben, steigt in den trockenen Zeiten nur sehr lang-

---

[1]) Vgl. Fußnote 1 auf Seite 51.
[2]) Diamantenwüste, II, Seite 369 u. f.
[3]) S. Passarge: Die Kalahari, Berlin 1904, Seite 573, 574, 674.
[4]) Seite 171 u. f. der in Anmerkung 1 auf Seite 51 angegebenen
Schrift; außerdem: Diamantenwüste, II, Seite 178.

sam nach der Oberfläche kapillar auf und verdunstet dort recht langsam. Das alles steht in scharfem Gegensatz zu der Wasserbewegung in den grobkörnigen Schuttmassen wie in den grobkörnigen und kluftreichen Gesteinen dieses Wüstengebietes. Diese Grundfeuchtigkeit bleibt bei nicht zu langen Trockenzeiten den Flugsanden erhalten und begünstigt auf ihnen die Entwicklung einer dichten Vegetation, wodurch sehr häufig die Beweglichkeit der Flugsande aufgehoben wird, so daß die Flugsande verlanden. Die Grundfeuchtigkeit der Flugsande führt auch dazu, daß auf diesen viel seltener sukkulente Pflanzen sich ansiedeln als auf benachbarten, gröberkörnigen, klüftigen oder ganz dichten und wasserundurchlässigen Gesteinen, wo eben nur Pflanzen mit besonderen, wasserspeichernden Organen sich entwickeln. Die Grundfeuchtigkeit bedingt eben edaphisch auch andere Pflanzenformationen in dem sonst fast nur von Sukkulenten besiedelten Wüstengebiet. Auch die Tierwelt wird durch die Grundfeuchtigkeit beeinflußt, da in dem oft ständig durchfeuchteten Flugsande viele Bodentiere ständig leben können. Der Eingeborene der großen Flugsandgebiete Südafrikas, besonders der Buschmann, versteht, diese Grundfeuchtigkeit zu gewinnen.

Es handelt sich bei dieser Grundfeuchtigkeit um eine ganz deutlich edaphisch bedingte Erscheinung. Wir sehen sie innerhalb des gesamten ariden Klimareiches überall auf den größeren Flugsandansammlungen. Sie ist aber nicht auf das aride Gebiet beschränkt, denn überall, wo sich geeignete, physikalische Bedingungen einstellen, ist sie auch außerhalb desselben, wie auch in dem humiden Gebiete, vorhanden. Die Fruchtbarkeit der Lößböden beruht wohl in erster Linie auf den das Festhalten des eindringenden Bodenwassers begünstigenden physikalischen Verhältnissen des Löß. Aber in den ariden Gebieten ist die Bedeutung dieser Grundfeuchtigkeit, die nur durch Oberflächen- und Kapillarkräfte schwebend festgehalten wird, bei dem oft so tief liegenden Grundwasserspiegel und der Trockenheit der oberflächlichen Ablagerungen viel auffallender. Die großen Sandaufschüttungen der Kalahari müßten bei ihrer Wasserdurchlässigkeit ganz vegetationsarm sein, wenn der Sand nicht recht beträchtliche Wassermengen als Grundfeuchtigkeit festhalten würde.

Aber über die Grundfeuchtigkeit hinaus ist überall in der

Wasserbewegung die edaphische Beeinflussung gerade im ariden
Gebiet zu merken. Bei den oft geringen Niederschlägen und bei
dem sehr geringen Senkwasser treten die Unterschiede in der
Wasserbewegung so besonders hervor. Ich brauche nur anzu-
deuten, daß die Wasserbewegung in den großen Dolomitgebieten
Südafrikas besonders in die Augen fällt, daß hier oft bei voll-
kommen trockener Oberfläche die Einsenkungstrichter, Dolinen
und Pfannen uns die Zeichen der unterirdischen Wasserbewegung
besonders dartun. Und mitten in dem ganz trockenen Gebiet ist
dann an einer durch die Lagerungsverhältnisse bedingten Stelle
in dem Dolomitgebiet auf einmal eine besonders wasserreiche Quelle
zu finden, an die sich ein Quellbach und nicht selten auch ein
Quellfluß anschließt, der trotz großen Wasserreichtums nach wenigen
Kilometern wieder versiegt.

Glinka[1]) erwähnt Einflüsse der verschiedenen Wasserdurchlässigkeit der einzelnen Gesteine in der „Halbwüste" des südöstlichen Rußlands auf die Bodenbildung und führt die Buntheit der
Bodendecke zum Teil auf derartige Einflüsse zurück.

V. Aufschüttungs- und Abtragungskurve.

Ich versuchte an anderer Stelle[2]) die Aufschüttungsverhält-
nisse in den verschiedenen Teilen des ariden Gebietes Südafrikas
schematisch durch eine Kurve zusammen zu fassen, die ich auch
hier in einer verbesserten Form wiedergebe (Fig. 2). Die Kurve
wird zunächst nur für die Trockengebiete Südafrikas aufgestellt,
und es muß noch versucht werden, sie auf andere Gebiete anzu-
wenden oder sie dort durch eine andere zu ersetzen. Die verschiedenen Teile des ariden Klimareiches zeigen darnach ganz verschieden starke Aufschüttung. Die Annahme intensiver Aufschüttung für das ganze aride Gebiet durch Harrassowitz[3]) ist nicht
richtig. Das Minimum der Kurve und das Hinuntergreifen unter
die Null-Linie auf der linken Seite in dem einen Teile des extrem-
ariden Gebietes zeigt uns die dort so intensive Abtragung durch
äolischen Abtransport bis unter die Abtragungsfläche. Ein solches

---

[1]) K. Glinka, Typen der Bodenbildung, Berlin 1914, Seite 282.

[2]) E. Kaiser, Surface Geology in arid climates (Trans. Geol. Soc.
S. Africa 1927, **30**, 121—131).

[3]) H. L. F. Harrassowitz, Geolog. Rundschau 1916, **7**, 194—195.

Minimum einer entsprechenden Kurve für andere Wüsten wird wohl nicht überall in dem gleichen Maße festzustellen sein. In der südlichen Namib greift, wie wir auf Seite 40 gesehen haben, die Abtragung in die feste Felsunterlage ein und trägt, nur edaphisch bedingt, die in den kristallinen Untergrund eingelagerten Nama-Schichten ab. Wenn wir dann in der Namib gegen den großen Steilabfall fortschreiten, so sehen wir dort die intensive Anhäufung im wesentlichen durch fluvio-aride Vorgänge der Schichtflut-Eindeckungen (oder Oberflächenspülungen; sheet-floods der englischen Literatur), die auch noch durch einen großen Teil des normal-ariden Gebietes anhält. Es ist das Gebiet der großen intermontanen Schuttauffüllungen (vgl. S. 48/9). Gehen wir aber weiter in feuchtere Teile des ariden Gebietes hinüber, so tritt die fluvio-aride Aufschüttung immer mehr zurück. Fluviatiler Abtransport beginnt und wird immer stärker, so daß dort die gelockerten Produkte meist immer gleich wieder abgetragen werden.

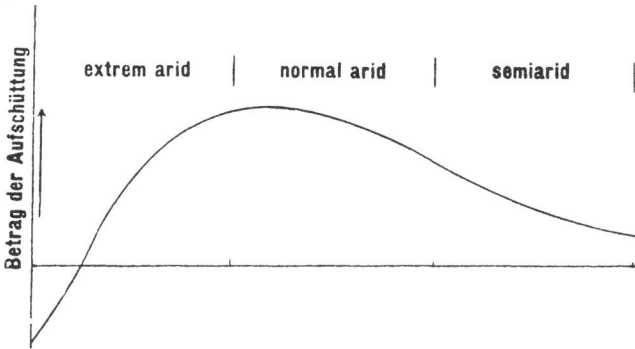

Figur 2

Schematische Kurve der Aufschüttung und Abtragung in den Trockengebieten Südafrikas.

Die Darstellung in der Kurve ist, wie besonders betont sei, rein schematisch. Sie soll uns nur relativ die Verhältnisse veranschaulichen. Sie ist auch in Bezug auf die großen Flächenräume der einzelnen Klimazonen, welche in horizontaler Anordnung angedeutet sind, viel zu steil, also vielfach überhöht gezeichnet. Eine weitere Besprechung dieser Kurve und ein Vergleich mit den örtlichen Verhältnissen wird in Kürze in den Monatsberichten der Deutschen Geologischen Gesellschaft erscheinen.

VI. Hauptgebiet der edaphischen Vorgänge und Erscheinungen.

Die vorgelegte Kurve soll nun benutzt werden, um das Gebiet der edaphischen Beeinflussung etwas näher zu bestimmen. Die großen Flugsanddecken der Kalahari zeigen nur die edaphisch bedingte Wasserbewegung in der Ansammlung von Grundfeuchtigkeit. Dies ist aber (vgl. S. 58/59) keine spezifische Erscheinung des ariden Gebietes, sondern sie hat universelle Bedeutung, so daß wir auch in den anderen Teilen unseres ariden Gebietes diese durch die physikalischen Gesteinsverhältnisse bedingte Erscheinung nicht besonders erwähnen. Sonst aber ist die einheitliche, klimatisch bedingte Sandeindeckung die Haupterscheinung für die Kalahari.

Die intermontanen Schutteindeckungen zeigen gleichmäßige Flächenbildungen, bedingt durch die klimatisch veranlaßten Schichtfluten. Nur an den die Senken überragenden Berghängen beobachten wir edaphische Erscheinungen, dort eben, wo die Abtragung stärker als die Aufschüttung oder dieser gleich ist.

In dem Aufschüttungsteile des extrem-ariden Gebietes treten innerhalb der Schuttflächen die edaphischen Erscheinungen ebenfalls zurück. Sie werden aber sofort wieder stärker, wenn wir in das Gebiet der stärkeren, hier äolischen Abtragung in der vorderen Namib kommen.

Gehen wir aber auf der anderen Seite nach den niederschlagsreicheren Teilen, wie z. B. in das Bushveld, hinüber, so kommen wir in ein Gebiet, wo wohl, wie wir gesehen haben, tiefgründige Verwitterung vorherrscht, aber Aufschüttung nur vereinzelt vorkommt, was durch besondere Ortslage des Abtragungs- und Aufschüttungsbezirkes bedingt ist. Hier aber tritt, wie wir sahen, edaphische Beeinflussung in den Oberflächenformen, in den chemischen Vorgängen und in der Bodenbildung besonders hervor.

Gehen wir aber noch weiter in immer niederschlagsreichere Teile hinüber, so treten die edaphischen Wirkungen zunehmender Abtragungskraft des ständig abfließenden Wassers immer mehr zurück. Hie und da lehren noch Buntfarbigkeit der Böden, die Gestalt einzelner Felsen und Berge, daß zuweilen noch der Untergrund die Oberfläche beeinflußt. Aber dort tritt mehr und mehr die Eintönigkeit der gleichmäßigen Bodenbildung und das Vorherrschen rein klimatisch bedingter Faktoren hervor. Wir sind in

vorgänge liegt dann weit zurück. Ein Teil der Formen und Vorgänge sind als Vorzeitformen und -vorgänge aufzufassen. Sie
schreiten aber noch heute weiter fort in ihrer Ausbildung. Wir
haben andererseits gesehen (S. 45/6), daß stellenweise die klimatisch bedingten Erscheinungen im Kampf mit den edaphischen
stehen und letztere zu zerstören suchen. Ich stellte das zunächst
nur für die morphologischen Formen fest, ich vermute aber, daß
wir bei einer den hier entwickelten Gedankengängen folgenden
Untersuchung der Bodenproben es auch für die Verwitterungserscheinungen feststellen können. Es wäre dabei ein Hauptgewicht
auf die Feststellung zu legen, ob etwaige Konvergenzerscheinungen
gleichsinnig mit oder entgegengesetzt zu den edaphisch bedingten
Erscheinungen sich abspielen. Ich vermute, daß ein entgegen-
gesetztes Verhalten sich herausstellen wird.

Wenn wir aber nun durch die Entwicklung der modernen
Bodenkunde daran gewöhnt worden sind, in der neueren Bodeneinteilung immer den Standpunkt der klimatischen Bodenzonen
an die Spitze gestellt zu sehen, so müssen wir uns fragen, ob
wir uns mit unseren Ausführungen nicht in Widerstreit mit den
von der Bodenkunde gezogenen Schlußfolgerungen befinden. Ein
solcher Gegensatz ist sicher vorhanden. Ich glaube aber, daß sich
klimatische Bodenzonen im ariden Gebiete dort leicht nachweisen
lassen werden, wo ein einheitlicher Untergrund auf weite Erstreckung in die Bodenbildung einbezogen ist und nun hier verschiedenartige klimatische Verhältnisse auf das gleiche Gestein
einwirken. Aber in dem Trockengebiete Südafrikas sehen wir
einen äußerst wechselvoll gebildeten Untergrund der Bodenbildung
ausgesetzt, so daß wir hier die Beeinflussung aus dem Gestein
heraus, die Verwitterung von innen her, oder die „Auswitterung"
von Walther[1]) so besonders in den Vordergrund treten sehen.

Würde sich die Lehre von den klimatischen Bodenzonen in
einem so wechselvollen Untergrund zeigenden Land wie Südafrika
entwickelt haben, so würde man vielleicht schon viel früher auf
diese große Bedeutung des Untergrundes aufmerksam geworden
sein. Daß aber schon Anklänge nach dieser Richtung vorhanden
sind, habe ich im Anfange dieser Mitteilung erwähnt. Ich kann

---

[1]) Joh. Walther, Gesetz der Wüstenbildung, 1924, Seite 161.

aber noch hinzufügen, daß für einen Teil unseres Gebietes Waibel[1]) bereits darauf hingewiesen hat, daß in den großen Karrasbergen Südwestafrikas das spülende Wasser eine außerordentliche Empfindlichkeit auf die kleinsten Gesteinsunterschiede zeigen soll. Sicher sind auch noch andere Angaben darüber vorhanden, aber ich will hier nicht alle solche Punkte zusammentragen. Die Entwicklung der Bodenkunde aber in einheitlicher aufgebauten Gebieten ariden Klimas wie im südlichen und südöstlichen Rußland und in den westlichen Staaten von Südamerika führte dazu, daß man eben wegen größerer Einheitlichkeit des Untergrundes die edaphisch bedingten Formen erst in den Hintergrund geschoben sah und sie übersehen zu können glaubte.

VII. Wozu diese eingehende Darstellung vom geologischen Standpunkte aus?

Eine kurze Beantwortung dieser Frage habe ich schon an anderer Stelle gegeben[2]), möchte sie aber hier noch einmal kurz wiederholen. Ich suche alle Beobachtungen über Vorgänge und Erscheinungen unter aridem Klima nicht deshalb zusammen zu stellen, um nun von besonderem Standpunkte aus die Oberflächenerscheinungen des ariden Klimas zu erörtern, sondern um immer mehr Material zu sammeln für eine bessere Erkenntnis der älteren Formationen arider Entstehung. Alle diese und andere noch folgende Darlegungen streben nach genauer petrogenetischer Grundlage für die Entstehung von Sedimenten der geologischen Vorzeit unter ariden Bedingungen.

Darüber hinaus werden hie und da Erklärungen sich ergeben für Erscheinungen in anderen Gebieten. Wissen wir, daß die Rendzina-Böden auf den Kalkhochflächen des Schwäbischen und Fränkischen Jura edaphisch durch den Untergrund bedingt sind und den klimatischen Bodenzonen des Gebietes fremd gegenüber stehen, so können wir die eigenartigen Waben- und Gitterstrukturen an den Sandsteinfelsen der Rheinpfalz, der Elbsandsteine Sachsens und der Heuscheuersandsteine Schlesiens viel einfacher

---

[1]) L. Waibel, Mitt. a. d. deutschen Schutzgebieten, Berlin 1925, 33, 31.
[2]) Trans. Geol. Soc. South Afr. 1927, 30, 127. Vgl. auch die Bezugnahme auf E. de Martonne in Fußnote 1 auf Seite 40.

als bisher, nun durch eine edaphische Anknüpfung dieser Formen
an die Wasserbewegung im Untergrunde erklären. Die Konvergenz der Verwitterung hier im humiden Gebiet mit der sonst in
ariden Gebieten bekannten ist nicht durch das Klima, sondern
durch das Untergrundgestein bedingt. Die Bausteine an den Monu-
mentalbauten der Großstädte humiden Klimas zeigen Salzaus-
blühungen, Verkrustungen und Rindenbildungen, also Erscheinungen, die für das aride Klima kennzeichnend sind. Ich bezog
diese Verwitterung früher[1]) auf „Inseln ariden Klimas" innerhalb
des humiden. Andere haben diese Erscheinungen als aklimatisch
oder pseudoklimatisch bezeichnet. Liegt aber nicht dasselbe hier
vor wie bei den edaphischen Erscheinungen unserer jetzigen Betrachtung? Beziehen wir diese Verwitterung an den Bausteinen
nicht besser auch auf die Wasserbewegung in den Quadern des
Bauwerkes?

Wenn wir dann weiter an den hier beleuchteten Kampf der
klimatisch bedingten Vorgänge gegen die edaphisch bedingten
denken, dann verstehen wir, wie wir stellenweise auch im humiden
Klimareiche von besonderen Oberflächenformen für einzelne Gesteine sprechen müssen, wie manche Lehrbücher die Morphologie
der Kalk- und Dolomitgebiete in besonderen Kapiteln abhandeln.

Aber auch nach anderer Richtung hin werden sich derartige
eingehende Untersuchungen im ariden Klima auswirken, was ich
in späteren Mitteilungen zu zeigen gedenke. Ein Vergleich mit
anderen Trockengebieten muß auch noch ausgeführt werden. Es
lag mir daran, an dieser Stelle nur zu zeigen, wie in einem besonderen Trockengebiete wesentliche Unterschiede zwischen den
klimatisch bedingten und den edaphisch bedingten Vorgängen und
Erscheinungen sich leicht feststellen lassen.

---

[1]) E. Kaiser, N. Jb. f. Min. etc. 1907, II, 42—64. — Die Verwitterung
der Gesteine, besonders der Bausteine, Handbuch d. Steinindustrie, I, Berlin
1915, S. 410—439. — Vgl. auch H. L. F. Meyer, Geolog. Rundschau 1916, 7,
S. 201—202.

Nachtrag zu S. 45.

Zur Frage der Einrumpfung innerhalb des Bushveld-Eruptivkörpers.

Für die Ausbildung der fast ebenen Abtragungsfläche ist vielleicht der Umstand ganz besonders wichtig, daß die Abtragung innerhalb der Eruptivmasse lange Zeit gehemmt wurde durch die Zerschneidung mehrerer harter Quarzitrücken, welche, wie S. 43 angegeben, den Bushveld-Eruptivkörper umgeben. Nachdem die hangende Decke über der Intrusivmasse abgetragen war, konnte in dem leichter verwitternden Eruptivgestein eine tiefgründige Verwitterung und flächenhafte Abtragung voranschreiten, während die Quarzitrücken nur langsam zerschnitten wurden. Die Abtragungsbasis für das Innere des ringwallumgürteten Bushveldes lag damit lange Zeit fest oder nahezu fest, sodaß in dem leichter verwitternden Gestein Seitenerosion lange Zeit vorrherrschte, wobei Flächenspülung und Regenrinnsale oder Spülrinnen[1] eine besondere Rolle spielten, wozu noch Wandverwitterung[2]) und Rückweichen der Steilwände isolierter Restberge tritt. Erst nach Durchschneiden der quarzitischen Umrandung tritt allmähliche, aber langsame Tieferlegung der Abtragungsbasis ein, und neue Abtragung setzt nun innerhalb des Bushveldes an. Tiefenerosion ersetzt die flächenhafte Seitenerosion. Das entspricht der auf S. 44 erwähnten Freilegung des frischen Untergrundes durch die nun tiefer in die Umwallung des Bushveldes einschneidenden rückgreifenden Flüsse. Die fast ebene Abtragungsfläche wäre damit zum größten Teil doch zum Teil edaphisch bedingt durch das leichter verwitterbare Eruptivgestein und durch die langsame Abtragung innerhalb desselben, behindert eben durch den Rand mit seinen harten Quarzitbänken. Diese Verebnung wäre bei dieser Auffassung in ihrem größten Teile eine tektonisch bedingte Vorzeitform; nur an einzelnen Stellen kann sie sich noch heute fortbilden. Die einzelnen die Fastebene überragenden Berge innerhalb der Fastebene wären dann Restberge der Einrumpfung und brauchen damit nicht durch besondere Härte ausgezeichnet zu sein.

---

[1] Vgl. Waibel, Mitt. a. d. deutschen Schutzgebieten, Berlin 1925, 33, 29.
[2] Ebenda, S. 24 u. a. St.

Erläuterung zu den Tafeln I—III.

Abb. 1. Bleskop Syenitgang, östl. von Rustenburg, Transvaal. Die fastebene Abtragungsfläche des Bushveldes Transvaals zeigt mannigfache, durch verschiedenartigen Widerstand der Untergrundgesteine gegen die Abtragung bedingte Erhebungen. In der vorliegenden Abbildung zieht quer zum Beschauer ein großer, weitanhaltender Syenitgang, der in Beziehung steht zu den jüngeren, alkalisyenitischen Injektionen (Pilandsberge u. a.). Er erhebt sich als weithin sichtbare Marke über die Abtragungsfläche des Bushveldes. Während unter der fastebenen Oberfläche des Bushveldes (Vordergrund) die noritischen Gesteine tiefgründig verwittert sind, ist an dem Härtling des Syenitganges ein Teil der Norite gut erhalten. Man sieht sie mit ihrer nach links fallenden Pseudoschichtung der Norite vor der höheren Kuppe links im Bilde.

Abb. 2. Im Norit des östlichen Bushveldes, n. w. von Lydenburg, bei Farm St. Edmonds. Während der westliche Teil des Bushveldes Transvaals eine nahezu einheitliche, fastebene Abtragungsfläche zeigt, greifen im östlichen Teile die perennierenden Flüsse der Ostküste weit in das Bushveld rückgreifend zurück. Aber überall treten selbst im Eruptivgebiet schief gestellte Tafeln auf, die ihre Entstehung der Lagentextur, bzw. Pseudoschichtung (Differentiation) der Norite verdanken. Die Formen im Eruptivgebiete sind hier äußerlich von denen im Sedimentgebiete kaum zu unterscheiden. Edaphisch bedingte Oberflächenformen liegen hier vor (vgl. S. 46, 64).

Abb. 3. Die fastebene Fläche des westlichen Bushveldes nördl. von Rustenburg, Transvaal. Im Hintergrund die Pilandsberge. Von O. gesehen. Über die Fastebene des Norites im westlichen Teile des Bushveldes erhebt sich das Massiv der Pilandsberge. Die Fastebene des Bushveldes ist durch die klimatischen Vorgänge des Gebietes bedingt, die Form der Pilandsberge aber durch die andersartigen Gesteine desselben edaphisch beeinflußt. Aber morphologische und geologische Grenze der Pilandsberge fallen nicht zusammen. Die fastebene, klimatisch bedingte Grenze hat über den geologischen Rand der Eruptivmasse der Pilandsberge in diese zurückgegriffen. Die Grenze der jüngeren Eruptiva liegt nicht am Fuße der Berge, sondern diesseits in der Fastebene der Abtragungsfläche. Breite Talungen greifen auch an mehreren Stellen von der Fastebene in das Bergland der Pilandsberge hinein. Es sind das alles Anzeichen dafür, daß die klimatischen Vorgänge die edaphisch bedingten Formen auch hier zu zerstören suchen.

Abb. 4. Der südliche Rand des Bushveldes bei Olifantspoort, südöstlich von Rustenburg, Transvaal. Das Bild zeigt uns links wieder die Fastebene des Bushveldes. Rechts sehen wir den nach Norden einfallenden Rand der Magaliesbergquarzite, welche unter den Norit des Bushveldes untersinken. Während die Fastebene der Norite des westlichen Bushveldes trotz aller Unterschiede in den einzelnen Differentiationslagen der Norite eine klimatisch nahezu ganz ausgeglichene Form zeigt, aus der nur einzelne, edaphisch bedingte Norithärtlinge herausragen, sehen wir gleich in den liegenden Quarziten Formen, welche edaphisch ganz wesentlich beeinflußt sind, mannigfache Schichthänge zeigen und jede einzelne Quarzitbank hervortreten lassen. Durch eine Lücke, die durch eine Verwerfung bedingt ist, tritt hier ein wasserreicher Lauf in das Bushveld hinein, so daß hier weit ausgedehnte Citruspflanzungen (Apfelsine, Mandarine, Zitrone usw.) angelegt werden konnten, die den Vordergrund des Bildes beherrschen und gute Erträge abwerfen.

Abb. 5. Piedmontstufen in der Weitung des Godwan Rivers, östliches Transvaal. Das Bild ist zwischen Kaapsche Hoop und der Station Godwan River (an der Strecke Pretoria—Lourenço Marquez) aufgenommen. Es zeigt im Hintergrunde den Hauptsteilabfall. Die Talung zeigt, in den einzelnen Kulissen der Erosion besonders hervortretend, einzelne Stufen. Dies sind aber nicht Erosionsterrassen der Talvertiefung, sondern in eine alte Talung zurückgreifende Stufen einer Piedmonttreppe im Sinne von W. Penck. Es handelt sich um von den alten Küstenlinien zurückgreifend in das Inland vordringende Verebnungsflächen, deren jede einzelne veranlaßt ist durch eine Stillstandslage in der Emporhebung des südafrikanischen Kontinentes.

Abb. 6. Piedmontstufen in dem „valley of a thousand hills" zwischen Pietermaritzburg und Durban, Natal. Dies von der Reklameabteilung der South African Railway and Harbours zur Verfügung gestellte Bild zeigt die wildzerschnittene „badland" Landschaft bei Drummond zwischen Pietermaritzburg und Durban. In dieser zerrunsten Landschaft aber sehen wir in den Riedeln ausgedrückt mehrere Verebnungsstufen, die durch die gleiche Höhe der Riedel (Rücken) zwischen den einzelnen Erosionsfurchen kenntlich sind. Auch hier handelt es sich um einzelne Einebnungsflächen im Sinne der Piedmonttreppe von W. Penck. Sie unterbrechen geradezu das einheitliche Bild dieser zerrunsten Landschaft. Hie und da mag ja eine einzelne harte Bank edaphisch die Oberflächenform beeinflussen. Aber im ganzen handelt es sich um klimatisch bedingte Formen, die wir in Parallele stellen können zu Abb. 5. Wenn ich selbst auch nur einen kurzen Blick auf diese eigenartige Landschaft am späten Abend werfen konnte, so haftet dieser Blick doch um so fester. Herrn P. Fritzsche in Durban, der mir diesen Blick bei einer Motorwagenfahrt gerade bei der richtigen Beleuchtung zugänglich machte, bin ich zu besonderem Dank verpflichtet.

Abb. 1—5 vom Verfasser aufgenommen, Abb. 6 von den South African Railway and Harbours in dankenswerter Weise zur Veröffentlichung zur Verfügung gestellt.

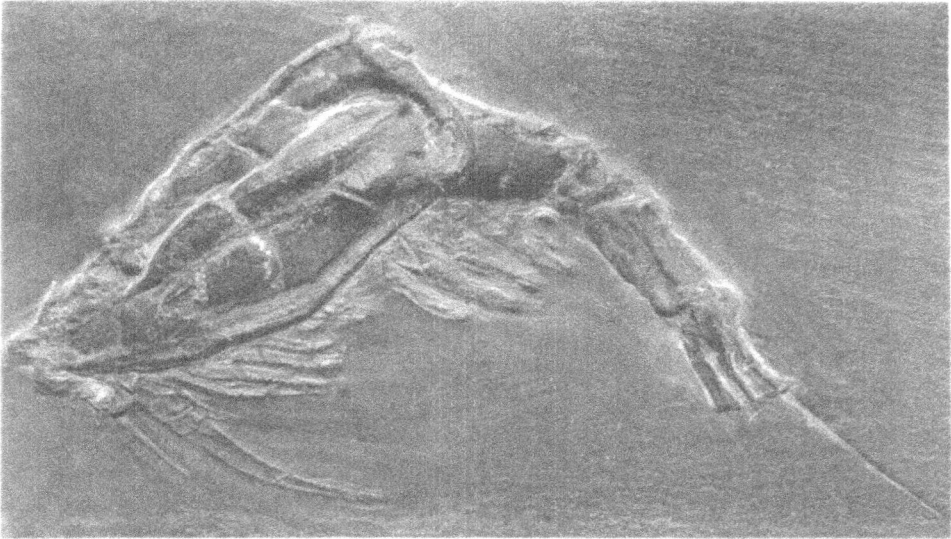

1

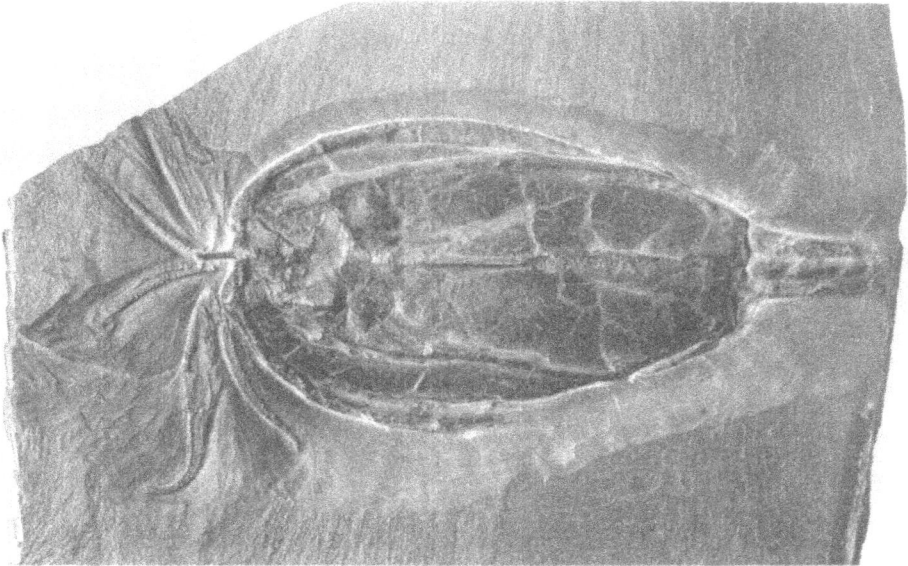

2

Lichtdruck: J. B. Obernetter, München

Abb. 1. Bleskop Syenitgang, östl. von Rustenburg.

Abb. 2. Im Norit des östlichen Bushveldes n. w. von Lydenburg.

Abb. 3. Die fastebene Fläche des Busch

Abb. 4. Der südliche Rand des

im Hintergrunde die Pilandsberge; von O gesehen.

ldes bei Olifantspoort; s. ö. von Rustenburg.

Abb. 5. Piedmontstufen in der Weitung des Godwan River.

Abb. 6. Piedmontstufen in dem „valley of a thousand hills"
zwischen Pietermaritzburg und Durban, Natal.

Inhalt.

Akademische Buchdruckerei F. Straub in München.